Lösungswege
Mathematik Oberstufe

Arbeitsheft

Philipp Freiler
Julia Marsik
Florian Mayer
Markus Olf
Markus Wittberger

www.oebv.at

Zum Arbeitsheft

Dieses Arbeitsheft ergänzt das Schulbuch Lösungswege 8 und bietet wertvolle Hilfe bei der **Vorbereitung auf die Matura**.

Das Arbeitsheft hat **vielfältige Aufgaben**, die zwei Ziele bedienen:

> das vertiefte Festigen von **Grundkompetenzen**

> das gezielte Einüben von **Matura-Aufgabenformaten**

Zu allen Abschnitten der sieben Kapitel werden Aufgaben angeboten. Bei vielen der Aufgaben ist es vorgesehen, dass die Lösungen direkt in das Arbeitsheft geschrieben werden können.

Der **Semestercheck** bietet einen guten Überblick für das erste Halbjahr.

Zur realitätsnahen Vorbereitung auf die Matura werden zwei Probeläufe angeboten.
Die **Probematuren 1 und 2** bieten Aufgaben, wie sie in einer Matura gestellt werden könnten.

Zu allen Aufgaben stehen die **Lösungen** im Anhang des Arbeitsheftes.

Integralrechnung

Dynamische Systeme

Stetige Wahrscheinlichkeitsverteilung und beurteilende Statistik

1 Stammfunktionen

1.1 Stammfunktionen – das unbestimmte Integral

Stammfunktionen

AN-R 4.2 **M**

1. Kreuze die mögliche(n) Stammfunktion(en) der Funktion f an.

a) $f(x) = 3x^3 - 5x$

A	$F(x) = \frac{3x^4}{4} - \frac{5x^2}{2} + 3$	☐
B	$F(x) = 0{,}75x^4 - 2{,}5x^2 + 1$	☐
C	$F(x) = \frac{3x^4}{4} - \frac{5x^2}{2} + \pi$	☐
D	$F(x) = 0{,}75x^4 + 2{,}5x^2$	☐
E	$F(x) = \frac{3x^4}{4} - \frac{5x^2}{2}$	☐

b) $f(x) = 2x^3 - 4x$

A	$F(x) = \frac{2x^4}{4} - \frac{4x^2}{2} + q, q \in \mathbb{Q}$	☐
B	$F(x) = 0{,}5x^4 + 2x^2 + 3$	☐
C	$F(x) = \frac{2x^4}{4} - \frac{4x^2}{2} + 7$	☐
D	$F(x) = 2x^4 - 0{,}5x^2 - 7$	☐
E	$F(x) = 0{,}5x^4 - 2x^2 + 9{,}2$	☐

2. Gegeben sind die Funktionen a bis i. Kreuze die sechs zutreffenden Aussagen an.

$a(x) = 2x - 3 \qquad b(x) = 4 \cdot \cos(x) \quad c(x) = 12e^x \qquad d(x) = 2 \qquad e(x) = x^2 - 3x + 5$

$f(x) = 4 \cdot \sin(x) \quad g(x) = 12e^x \qquad h(x) = 24e^x \qquad i(x) = 0$

A	Die Funktion a ist eine Stammfunktion von d.	☐
B	Die Funktion e ist eine Stammfunktion von a.	☐
C	Die Funktion c ist die Ableitungsfunktion von g.	☐
D	Die Funktion g ist die Ableitungsfunktion von c.	☐
E	Die Funktion h ist eine Stammfunktion von c.	☐
F	Die Funktion b ist eine Stammfunktion von f.	☐
G	Die Funktion d ist eine Stammfunktion von i.	☐
H	Die Funktion a ist die Ableitungsfunktion von e.	☐
I	Die Funktion a ist eine Stammfunktion von i.	☐

Das unbestimmte Integral

3. Berechne das Integral.

a) $\int x^0\, dx = $ _____

b) $\int x^\pi\, dx = $ _____

c) $\int x^{1\,000\,000}\, dx = $ _____

d) $\int x^{-3}\, dx = $ _____

e) $\int x^{\frac{239}{417}}\, dx = $ _____

f) $\int x^{-0,761}\, dx = $ _____

g) $\int x^{n+2}\, dx = $ _____ $(n \in \mathbb{R},\ n > -2)$

h) $\int x^{n-3}\, dx = $ _____ $(n \in \mathbb{R},\ n > 3)$

4. Gib eine Stammfunktion von f an.

a) $f(x) = k;\ k \in \mathbb{R}$ _____

b) $f(x) = s + t;\ s, t \in \mathbb{Q}$ _____

c) $f(x) = \pi$ _____

d) $f(x) = 3^x$ _____

e) $f(x) = 1{,}2^x$ _____

f) $f(x) = \left(\frac{5}{8}\right)^x$ _____

Weitere Integrationsregeln

5. Ermittle eine mögliche Stammfunktion von f.

a) $f(x) = x^3 + 2x^2 - 5x + 7$ _____

b) $f(x) = 5x^7 + 3x^4 - 2x$ _____

c) $f(x) = 0$ _____

6. Ermittle drei mögliche Stammfunktionen von f.

$f(x) = 7x^m - 5x^{n-3} + 2x^{j+1} + p\ (m, n, j, p \in \mathbb{N},\ n \geqslant 3)$ _____

_____

7. Im Spiel „Memory" gehören immer zwei Felder zusammen. In der Tabelle unten zeigt immer ein Feld eine Funktion und das dazugehörige Feld eine zu der Funktion passende Stammfunktion. Es gibt neun Paare, zwei Felder bleiben übrig. Finde die Paare.

A	E	I	M	Q
$a(x) = \frac{2}{5x}$	$e(x) = \frac{1}{2} \cdot \cos(2x)$	$i(x) = -0{,}5 \cdot \cos(2x)$	$m(x) = \frac{2}{3x}$	$q(x) = \cos(2x)$
B	**F**	**J**	**N**	**R**
$b(x) = \sin(2x)$	$f(x) = \frac{2}{3}\ln(x)$	$j(x) = e^{2x}$	$n(x) = \frac{2}{5}\ln(5x)$	$r(x) = 8\,e^{2x}$
C	**G**	**K**	**O**	**S**
$c(x) = \frac{1}{2} \cdot \sin(2x)$	$g(x) = 2^x$	$k(x) = \frac{2}{5}\ln(x)$	$o(x) = \frac{2^x}{\ln(2)}$	$s(x) = -\sin(2x)$
D	**H**	**L**	**P**	**T**
$d(x) = 4\,e^{2x}$	$h(x) = 0{,}4 \cdot \sin(5x)$	$l(x) = 2{,}5 \cdot \sin(5x)$	$p(x) = 0{,}5 \cdot e^{2x}$	$t(x) = 2 \cdot \cos(5x)$

8. Gegeben sind die Funktionen f mit $f(x) = 5x^{n+3} - 4x^n$ und g mit $g(x) = 2x^{n+3} + x^n$ ($n \in \mathbb{R}^+$).

Überprüfe anhand der obigen Funktionen, dass gilt: $\int (f(x) - g(x))\,dx = \int f(x)\,dx - \int g(x)\,dx$

_____

_____

_____

AN-R 4.2 **M**

9. Ordne jedem unbestimmten Integral ein passendes Ergebnis zu. ($c \in \mathbb{R}$)

1	$\int (-2 \cdot \cos(5x))\,dx$
2	$\int (5 \cdot \sin(2x))\,dx$
3	$\int (2 \cdot \sin(5x))\,dx$
4	$\int (5 \cdot \cos(2x))\,dx$

A	$\frac{5}{2} \cdot \cos(2x) + c$
B	$\frac{5}{2} \cdot \sin(2x) + c$
C	$\frac{2}{5} \cdot \sin(2x) + c$
D	$-\frac{2}{5} \cdot \cos(5x) + c$
E	$-\frac{5}{2} \cdot \cos(2x) + c$
F	$-\frac{2}{5} \cdot \sin(5x) + c$

Auffinden einer speziellen Stammfunktion

10. Von einer Polynomfunktion f dritten Grades kennt man die erste Ableitung mit $f'(x) = 3x^2 - 27$. Der Graph der Funktion schneidet die waagrechte Achse an der Stelle 3. Ermittle die Funktionsgleichung von f.

$f(x) = $ _____

11. Die erste Ableitung einer Funktion f dritten Grades lautet $f'(x) = 0{,}375 \cdot (x^2 - 10x + 21)$. Der Graph der Funktion geht durch den Punkt $P = (5\,|\,2)$. Gib die Funktionsgleichung von f an.

$f(x) = $ _____

12. Für die Geschwindigkeit v (in m/s) eines Rennwagens zum Zeitpunkt t gilt $v(t) = 8t$ ($t \in [0;\,8]$).

1) Bestimme eine Stammfunktion s_1 von v und interpretiere diese im gegebenen Kontext.

_____

2) Bestimme jene Stammfunktion s von v mit der Eigenschaft $s(2) = 18$.

_____

3) Bestimme die absolute Änderung von s in $[1;\,5]$ und interpretiere das Ergebnis im gegebenen Kontext.

_____

13. Die momentane Änderungsrate A' der Anzahl der Bakterien in einer Probe zum Zeitpunkt t (in Stunden) ist durch $A'(t) = 17{,}325 \cdot e^{0{,}3465\,t}$ gegeben.

1) Bestimme eine Stammfunktion von A'.

$A(t) = $ _____

2) Bestimme die Stammfunktion A in der Form $A(t) = a \cdot b^t$ ($a, b \in \mathbb{R}$)
($A(0) = a$).

$A(t) = $ _____

3) Interpretiere die Parameter a und b im gegebenen Kontext.

_____

4) Berechne die absolute Änderung von A im Intervall $[1;\,5]$ und interpretiere dein Ergebnis.

_____

1.2 Stammfunktionen graphisch ermitteln

AN-R 3.2 **M** **14.** Gegeben ist der Graph einer Funktion f. Skizziere die Graphen zweier Stammfunktionen von f.

a)

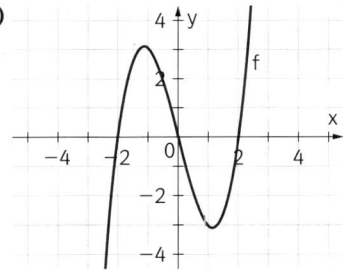

b)

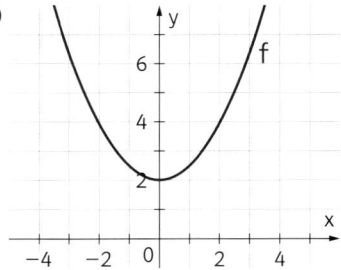

15. Gegeben sind die Graphen der Funktionen f_1 bis f_6. Kreuze die zutreffende(n) Aussage(n) an.

f_1	f_2
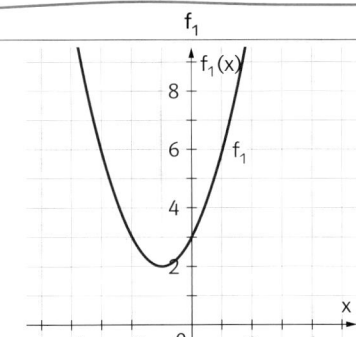	

f_3	f_4
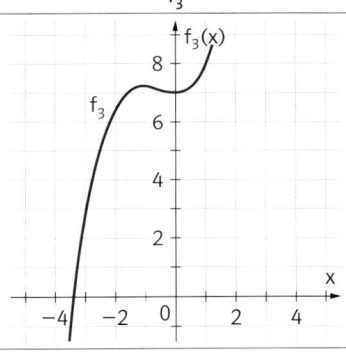	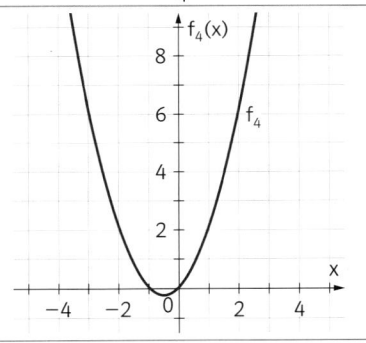

f_5	f_6
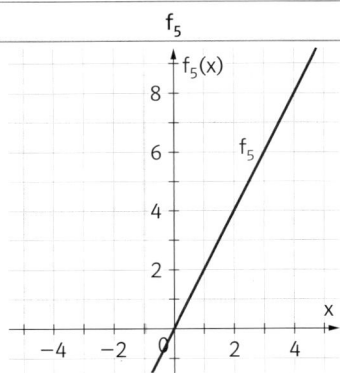	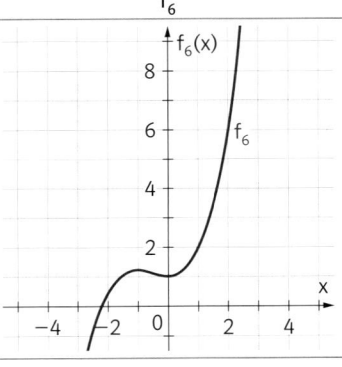

A	Die Graphen von f_3 und f_6 sind die Graphen zweier Stammfunktionen von f_4.	☐
B	Der Graph von f_5 ist der Graph der zweiten Ableitungsfunktion von f_3.	☐
C	Die Graphen von f_3 und f_6 sind die Graphen zweier Stammfunktionen von f_1.	☐
D	Der Graph von f_5 ist der Graph der zweiten Ableitung von f_6.	☐
E	Der Graph von f_2 ist der Graph der ersten Ableitung von f_1 und f_4.	☐

AN-R 3.2   **M**   **16.** Gegeben ist der Graph einer Funktion f dritten Grades.
Kreuze jene(n) Graphen an, der (die) eine Stammfunktion F von f darstellen kann
(können).

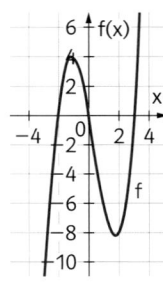

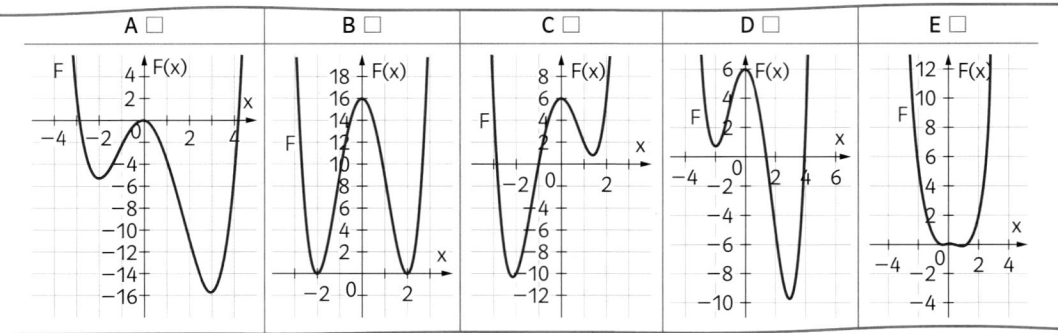

A ☐	B ☐	C ☐	D ☐	E ☐

AN-R 3.2   **M**   **17.** Gegeben ist der Graph einer Polynomfunktion f dritten Grades. F ist eine Stammfunktion von f.
Kreuze die jedenfalls zutreffende(n) Aussage(n) an.

A	F besitzt genau drei Extremstellen.	☐
B	F besitzt in (0; 1) eine Extremstelle.	☐
C	F ist in [3; 6] streng monoton steigend.	☐
D	F besitzt in (0; 1) und in (2; 3) eine Wendestelle.	☐
E	F besitzt an der Stelle 4 eine lokale Minimumstelle.	☐

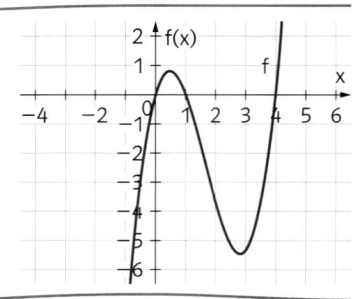

AN-R 3.2   **M**   **18.** Gegeben ist der Graph einer quadratischen Funktion f. F ist eine
Stammfunktion von f.
Kreuze die jedenfalls zutreffende(n) Aussage(n) an.

A	F ist eine Polynomfunktion dritten Grades.	☐
B	F besitzt an der Stelle 5 eine lokale Extremstelle.	☐
C	F ist in [4; 6] streng monoton steigend.	☐
D	F besitzt keine Wendestelle.	☐
E	F ist in [2; 4] negativ gekrümmt.	☐

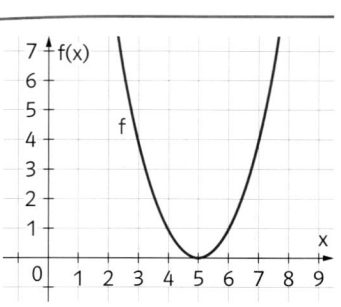

1.3 Weitere Integrationsregeln

Substitutionsmethode

19. Berechne das Integral und vervollständige die Lücken. Der Term in der Klammer soll durch u ersetzt werden.

a) $\int (2x-4)^{11}\,dx =$ _____   u = _____   u' = _____   dx = _____

b) $\int (5x-1)^3\,dx =$ _____   u = _____   u' = _____   dx = _____

c) $\int \frac{1}{(4x-5)^2}\,dx =$ _____   u = _____   u' = _____   dx = _____

Partielle Integration

20. Gegeben ist das Integral $\int x \cdot e^x\,dx$. Berechne das Integral durch Anwendung der partiellen Integration. Gib an, welche Zuordnung ungünstig ist und begründe deine Entscheidung.

1) Wähle folgende Zuordnung: $f(x) = x$, $g(x) = e^x$

2) Wähle folgende Zuordnung: $f(x) = e^x$, $g(x) = x$

Vernetzung – Typ-2-Aufgaben

Typ 2   **M**   **21.** Der Druck p, dem man beim Tauchen im Wasser ausgesetzt ist, wird hydrostatischer Druck genannt. Seine momentane Zunahme pro Meter Wassertiefe T ist der konstante Wert $\varrho \cdot g$, wobei ϱ die Dichte des Wassers und g die Erdbeschleunigung bedeuten. Der Druck an der Wasseroberfläche (T = 0) wird mit p_0 bezeichnet.

a) Welche der folgenden Ausdrücke beschreiben den Druck p in Abhängigkeit von der Wassertiefe T? Kreuze die beiden zutreffenden Ausdrücke an.

A	$\int \varrho \cdot T\,dg$	☐
B	$p_0 \cdot T + \varrho \cdot g$	☐
C	$\int \varrho \cdot g\,dT$	☐
D	$\varrho \cdot g \cdot T + p_0$	☐
E	$\int g \cdot T\,dT + p_0$	☐

b) Im Gegensatz zum Druck nimmt das Volumen eines Gases mit steigender Wassertiefe ab. So kann etwa die momentane Abnahme des Luftvolumens in der Lunge (in Liter pro Meter) bei der Tiefe T (in Meter) durch die Funktion A mit $A(T) = -\frac{2,5}{T^2}$ beschrieben werden.

Bestimme die Funktionsgleichung für eine Funktion V, die das Volumen in Abhängigkeit von der Tiefe beschreibt und berechne, um wie viel das Volumen abnimmt, wenn man von vier Metern auf 12 Meter abtaucht, ohne ein- oder auszuatmen.

2 Der Hauptsatz der Differential- und Integralrechnung

2.1 Ober- und Untersummen – das bestimmte Integral

Ober- und Untersummen

22. Führe die einzelnen Schritte durch und ergänze die Lücken bei **b)** und **c)** mit den passenden Ergebnissen aus der weiter unten stehenden Tabelle.

Gegeben ist der Graph der Funktion f mit $f(x) = \frac{3}{10} \cdot (-x^2 + 8x)$ im Intervall [0; 8].

a) Stelle die Obersumme O_n bzw. die Untersumme U_n von f im Intervall [0; 8] in der jeweiligen Abbildung graphisch dar.

1) O_2

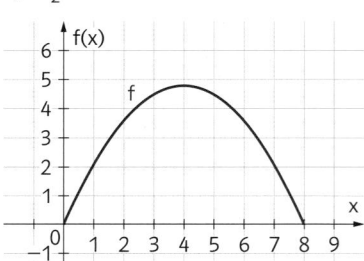

2) O_4

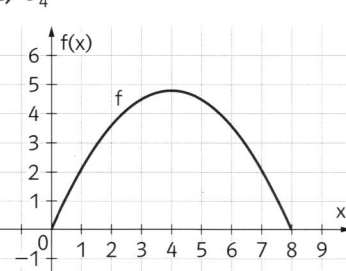

3) U_8

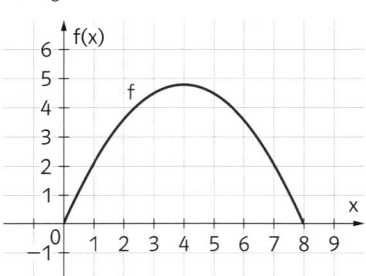

b) Berechne die gesuchten Funktionswerte:

$f(0) = $ _____ $f(1) = $ _____ $f(2) = $ _____ $f(3) = $ _____ $f(4) = $ _____

$f(5) = $ _____ $f(6) = $ _____ $f(7) = $ _____ $f(8) = $ _____

c) Berechne die gefragte Obersumme O_n bzw. die Untersumme U_n von f im Intervall [0; 8].

$O_2 = $ _____ $O_4 = $ _____ $U_8 = $ _____

d) Welcher der in c berechneten Werte sollte dem Flächeninhalt, den der Graph von f im Intervall [0; 8] mit der x-Achse einschließt am nächsten sein? Begründe deine Entscheidung.

Begründung: _____

_____

3,6	4,5	33,6	3,6	2,1	2,1
38,4	4,8	0	4,5	20,4	0

23. Gegeben ist eine in [2; 10] streng monoton steigende Polynomfunktion f, die in diesem Intervall nur positive Funktionswerte besitzt. U_4 bezeichnet die Untersumme von f in [2; 10], wenn das Intervall in vier gleich große Teile unterteilt wird. Kreuze die für U_4 passende Formel an.

A	$U_4 = f(2) \cdot 2 + f(4) \cdot 2 + f(6) \cdot 2 + f(8) \cdot 2 + f(10) \cdot 2$	☐
B	$U_4 = f(2) + f(4) + f(6) + f(8)$	☐
C	$U_4 = f(2) \cdot 2 + f(4) \cdot 2 + f(6) \cdot 2 + f(8) \cdot 2$	☐
D	$U_4 = 2 \cdot (f(2) - f(3) + f(4) + f(7) + f(8))$	☐
E	$U_4 = f(2) + f(4) + f(6) + f(8) + f(10)$	☐
F	$U_4 = f(4) \cdot 2 + f(6) \cdot 2 + f(8) \cdot 2 + f(10) \cdot 2$	☐

24. Eine Funktion f ist in [4; 20] streng monoton steigend und stetig. Es sind folgende Funktionswerte von f gegeben:

$f(4) = 3$	$f(5) = 5$	$f(6) = 7$	$f(7) = 8$	$f(8) = 12$

$f(9) = 13$

$f(10) = 14$	$f(11) = 15$	$f(12) = 17$	$f(13) = 18$	$f(14) = 20$

$f(15) = 23$

$f(16) = 25 \qquad f(17) = 26 \qquad f(18) = 29 \qquad f(19) = 31 \qquad f(20) = 37$

Das Intervall [4; 20] wird in n gleich große Teile unterteilt. Berechne die gesuchten Obersummen O_n und die gesuchten Untersummen U_n. Die Summe deiner Lösungen sollte 1278 ergeben.

$U_4 = \underline{\hspace{3cm}}$  $\qquad U_8 = \underline{\hspace{3cm}} \qquad O_2 = \underline{\hspace{3cm}} \qquad O_4 = \underline{\hspace{3cm}}$

25. Gib eine lineare Funktion f mit folgenden Eigenschaften an:

– Die Funktion f besitzt im Intervall [2; 4] nur positive Funktionswerte.

– Unterteilt man das Intervall [2; 4] in zwei gleich große Teilintervalle, so gilt für die Obersumme: $O_2 = 20$

– Unterteilt man das Intervall [2; 4] in zwei gleich große Teilintervalle, so gilt für die Untersumme: $U_2 = 16$

$f(x) = \underline{\hspace{5cm}}$

26. Gegeben ist eine in [2; 5] streng monoton steigende Funktion f mit $f(x) = 2x^2 - 3$. Berechne, in wie viele gleich breite Teilintervalle das Intervall [2; 5] geteilt werden muss, damit die Differenz der Ober- und Untersummen kleiner als 0,2 wird.

Das bestimmte Integral

27. Fülle die Lücken im angegebenen Text. Verwende dazu die passenden Inhalte, die in der unten stehenden Tabelle angegeben sind. Es müssen nicht alle Angaben der Tabelle verwendet werden.

Den Ausdruck $\int_3^9 f(b)\,db$ nennt man _____ von f in [3; 9].

Der Wert dieses Ausdrucks ist jene Zahl, die zwischen allen _____ und

_____ von f in [3; 9] liegt. Dabei wird _____ untere Grenze

und _____ obere Grenze genannt. Die Integrationsvariable bei diesem Ausdruck ist _____ ,

f(b) wird als _____ bezeichnet. Besitzt eine Funktion f in [3; 9] keine

negativen Funktionswerte und ist f stetig, dann ist der Wert von $\int_3^9 f(x)\,dx$ der _____ ,

den der Graph von f in [3; 9] mit der x-Achse einschließt.

Obersummen	3	Integrand	b	Flächeninhalt
x	9	bestimmtes Integral	Funktionswert	Untersummen

28. Gegeben sind verschiedene bestimmte Integrale der Form $\int_a^b f(x)\,dx$.
O_n bzw. U_n bezeichnet die Obersumme bzw. die Untersumme von f bei Unterteilung des Intervalls [a; b] in n gleich große Teilintervalle. Ergänze die Lücken mit Hilfe von Technologie und male die Felder mit den zutreffenden Lösungen farbig an. Es entsteht ein Bild von einem Sonderzeichen.

0,27	26,23	45	11
11,34	32	30,94	23,56
23,04	27,69	4,9	3,78
12,76	24,63	27,74	66
5,43	20	7,1	17,2
34	4,15	48	0,99

1) $U_4 =$ _____ $\leq \int_1^5 (4x-2)\,dx \leq$ _____ $= O_4$

2) $U_6 =$ _____ $\leq \int_0^3 \left(\frac{x^2}{6}+1\right)dx \leq$ _____ $= O_6$

3) $U_6 =$ _____ $\leq \int_4^8 (x \cdot e^{0,2})\,dx \leq$ _____ $= O_6$

4) $U_7 =$ _____ $\leq \int_2^9 \left(\frac{8}{x}+2\right)dx \leq$ _____ $= O_7$

Lösung: Das Bild zeigt ein _____ .

AN-R 4.3 **M** **29.** Gegeben sind einige bestimmte Integrale der Form $\int_a^b f(x)\,dx$. Kreuze jene(s) Integral(e) an, bei dem (denen) der Flächeninhalt beschrieben wird, den der Graph von f in [a; b] mit der x-Achse einschließt.

A	B	C	D	E
$\int_1^3 (-2x+1)\,dx$	$\int_3^7 (2x+2)\,dx$	$\int_{-3}^7 (x^3)\,dx$	$\int_0^1 \cos(x)\,dx$	$\int_{-2}^{20} dx$
☐	☐	☐	☐	☐

AN-R 4.3 **M** **30.** In der Abbildung sieht man den Graphen einer Funktion f. Stelle den Flächeninhalt, den f mit der x-Achse in [0; 8] einschließt, mit einem Integral dar und berechne seinen Wert.

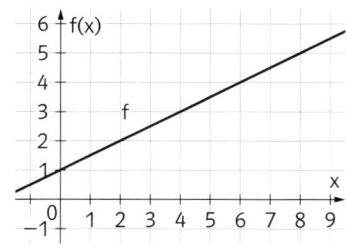

AN-R 4.3 **M** **31.** Gegeben ist der Graph der Funktion f mit $f(x) = \frac{x^2}{8}$. Kreuze die zutreffende(n) Aussage(n) an.

A	$\int_{-4}^{0} f(x)\,dx = \int_{0}^{4} f(x)\,dx$	☐
B	$\int_{0}^{2} f(x)\,dx < \int_{3}^{5} f(x)\,dx$	☐
C	$\int_{-2}^{2} f(x)\,dx < 2$	☐
D	$\int_{0}^{3} f(x)\,dx > \int_{-5}^{-1} f(x)\,dx$	☐
E	$\int_{-5}^{5} f(x)\,dx > \int_{0}^{5} f(x)\,dx$	☐

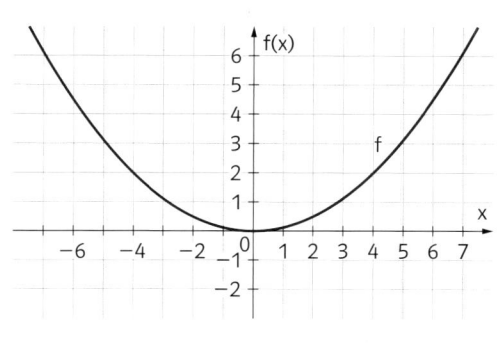

2.2 Produktsummen und das bestimmte Integral

Das bestimmte Integral – Deutung als eine Summe von Produkten

32. Gegeben sind die Untersumme (U_n) und die Obersumme (O_n) der Funktion f in [a; b] bei Unterteilung des Intervalls in n gleich große Teile. Ermittle die Zwischensumme dieser Funktion in [a; b], bei welcher die Mittelpunkte der Teilintervalle als Zwischenstellen gewählt werden. Kontrolliere auch die Beziehung $U_n \leqslant S_n \leqslant O_n$.

a) $f(x) = -0{,}25\,x^2 + 0{,}5\,x + 3$ [1; 4] $O_3 = 8{,}5$ $U_3 = 6{,}25$ $S_3 = \underline{\hspace{2cm}}$

b) $(x) = 0{,}5\,x^2 + 2\,x + 4$ [0; 3] $O_6 = 28{,}19$ $U_6 = 22{,}94$ $S_6 = \underline{\hspace{2cm}}$

Interpretationen

AN-R 4.3 **M** **33.** In der Abbildung ist der Graph einer abschnittsweisen linearen Funktion f dargestellt. Ermittle $\int_{0}^{6} f(x)\,dx$.

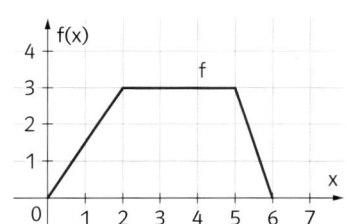

34. Gegeben ist der Graph einer Funktion f.

Gib an, ob man mit dem gegebenen bestimmten Integral $\int_{a}^{b} f(x)\,dx$ den Flächeninhalt, den der Graph von f in [a; b] mit der x-Achse einschließt, ermittelt und begründe deine Entscheidung.

a) $\int_{-3}^{1,5} f(x)\,dx$ **b)** $\int_{-2}^{2} g(x)\,dx$ **c)** $\int_{-1}^{0} h(x)\,dx$

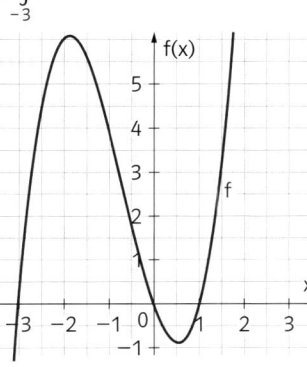 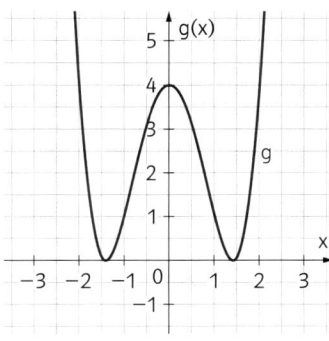 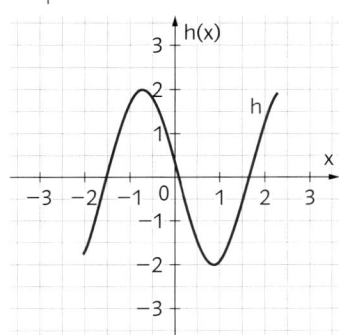

13

AN-R 4.3 **M** **35.** In den ersten Tagen nach der Schneeschmelze lässt sich die Zuflussgeschwindigkeit f (in m³/Tag) des Wassers in ein Staubecken durch die Funktion f mit $f(t) = t^3 - 30\,t^2 + 150\,t$ (t in Tagen) beschreiben.
In nebenstehender Abbildung ist der Graph von f dargestellt.

Stelle das Integral $\int_0^4 f(t)\,dt$ in der Abbildung farbig dar und interpretiere es im Kontext.

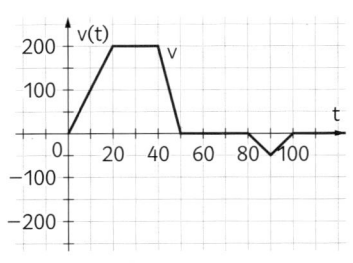

AN-R 4.3 **M** **36.** In ein Becken wird Wasser gepumpt bzw. Wasser wird aus dem Becken abgesaugt. Die Strömungsgeschwindigkeit v(t) (in l/min) in Abhängigkeit von der Zeit t (ab 8:00 Uhr in Minuten) ist in der Abbildung dargestellt. Kreuze die sicher zutreffende(n) Aussage(n) an.

A	Um 8:00 Uhr ist das Becken leer.	☐
B	Zwischen 8:20 Uhr und 8:40 Uhr fließt kein Wasser ins Becken.	☐
C	Um 9:00 Uhr ist das Becken leer.	☐
D	In den ersten 20 Minuten fließen 2 000 Liter ins Becken.	☐
E	Nach 100 Minuten ist genau soviel Wasser im Becken wie nach 80 Minuten.	☐

2.3 Der Hauptsatz der Differential- und Integralrechnung

AN-R 4.2 **M** **37.** Ordne jedem Integral das passende Ergebnis zu.

1	$\int_{-2}^{5} x^3\,dx$		A	16,66
2	$\int_{-3}^{0} x^2\,dx$		B	84,4
3	$\int_{4}^{9} x^{1,5}\,dx$		C	9
4	$\int_{3}^{14} x^{0,2}\,dx$		D	152,25
			E	12,5
			F	- 10,66

38. Berechne die Integrale und vergleiche die Ergebnisse. Welchen Zusammenhang erkennst du?

1) $\int_{-2}^{0} x^3\,dx$ _____   **2)** $\int_{0}^{2} x^3\,dx$ _____   **3)** $\int_{-2}^{2} x^3\,dx$ _____

Rechenregeln für bestimmte Integrale

39. Berechne das bestimmte Integral $\int_{-3}^{2}(x^2 - 3x + 2)\,dx$ und gib an, ob dieser Wert der Flächeninhalt ist, den der Graph von f mit der x-Achse in [a; b] einschließt.

AN-R 4.2 **M** **40.** Gegeben ist das bestimmte Integral $\int_{b}^{5b} 3x\,dx$. Ermittle, für welches $b \in \mathbb{R}^+$ dieses Integral gleich 144 ist.

41. Bestimme die gesuchten Werte für $a \in \mathbb{R}^+$ und ordne die Buchstaben neben den Aufgaben den korrekten Lösungen zu, um ein Lösungswort zu erhalten.

Lösungswort: _____

1) $\int_{0}^{a}(5x - 3)\,dx = 4$ Z

2) $\int_{a}^{7}(2x + 1)\,dx = 14$ I

3) $\int_{-4}^{a}(-x^2 + 9)\,dx = 14{,}67$ R

4) $\int_{1}^{4}(ax + 5)\,dx = 52{,}5$ S

5) $\int_{a}^{6}(x^2 - 8)\,dx = 31{,}67$ E

6) $\int_{3}^{a}(x^3 - 20)\,dx = 23{,}75$ S

7) $\int_{9}^{12}(ax^2 - 3)\,dx = 990$ E

8) $\int_{a}^{11}(-x^3)\,dx = -3\,060$ V

0	1	2	3	4	5	6	7

42. Berechne die Integrale (a, b, c, d $\in \mathbb{R}$).

a) $\int_{a}^{a} x\,dx + \int_{b}^{b} x^2\,dx + \int_{c}^{c}(-x^3)\,dx - \int_{d}^{d}(5x - d)\,dx = $ _____

b) $2 \cdot \int_{a}^{b}(4x^3 - 5x^2 + 7)\,dx + \int_{b}^{a}(4x^3 - 5x^2 + 7)\,dx + \int_{b}^{a}(4x^3 - 5x^2 + 7)\,dx = $ _____

c) $\int_{a}^{2a}(x^2 + 6x - 0{,}5)\,dx + \int_{2a}^{4a}(x^2 + 6x - 0{,}5)\,dx + \int_{4a}^{a}(x^2 + 6x - 0{,}5)\,dx = $ _____

Annäherung mittels bestimmter Integrale

43. Eine Sängerin eröffnet einen neuen Youtube-Kanal. Es werden die täglichen Zugriffe auf diesen Kanal in den ersten 10 Tagen durch eine Funktion f mit $f(x) = 2x^2$ (f(x) ist die Anzahl der Zugriffe am x-ten Tag) modelliert.

1) Berechne, wie viele Zugriffe es nach 10 Tagen insgesamt auf diesem Kanal gegeben hat exakt (nach der Funktion f) und veranschauliche deine Berechnungen graphisch.

2) Berechne, wie viele Zugriffe es nach 10 Tagen insgesamt auf diesem Kanal gegeben hat näherungsweise mithilfe der Integralrechnung und veranschauliche dein Ergebnis graphisch.

1)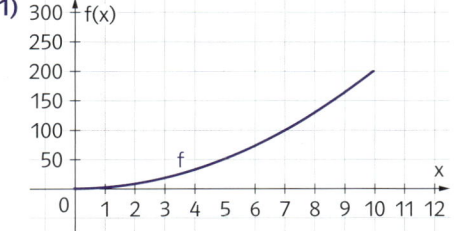

2)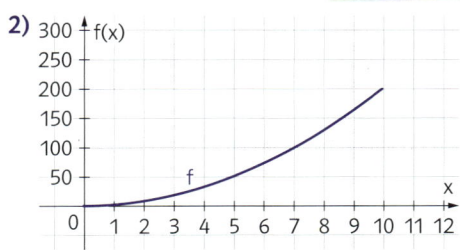

2.4 Berechnung von Flächeninhalten

Der Flächeninhalt zwischen dem Graphen einer Funktion und der x-Achse

44. Ermittle den Flächeninhalt, den der Graph der Funktion im gegebenen Intervall mit der x-Achse einschließt.

a) $f(x) = x^3 + 3x^2 - 10x$ $\qquad$ $[-5; 2]$

b) $f(x) = x^4 + x^3 - 9x^2 - 9x$ $\qquad$ $[-3; 3]$

AN-R 4.3 **M** **45.** Gegeben ist der Graph einer Polynomfunktion f dritten Grades. Gib einen Term an, mit dem man den Flächeninhalt berechnen kann, den der Graph von f mit der x-Achse einschließt.

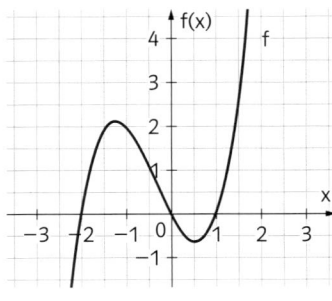

AN-R 4.3 **M** **46.** Gegeben ist der Graph einer Polynomfunktion f fünften Grades. A ist der Flächeninhalt, den der Graph von f mit der x-Achse einschließt. Die Funktion f ist eine ungerade Funktion. Kreuze die beiden zutreffenden Aussagen an.

A	$A = \left(\left\| \int\limits_{-2}^{-1} f(x)\,dx \right\| + \left\| \int\limits_{-1}^{0} f(x)\,dx \right\| \right) \cdot 2$	☐
B	$A = \left\| \int\limits_{-2}^{-1} f(x)\,dx \right\|$	☐
C	$\int\limits_{-2}^{2} f(x)\,dx = 0$	☐
D	$\int\limits_{-2}^{-1} f(x)\,dx + \int\limits_{-1}^{0} f(x)\,dx < 0$	☐
E	$\int\limits_{-2}^{-1} f(x)\,dx = \int\limits_{1}^{2} f(x)\,dx$	☐

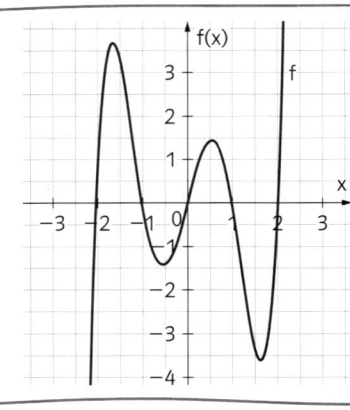

AN-R 4.3 **M** **47.** Gegeben ist der Graph einer zur y-Achse symmetrischen Funktion f. A ist der Flächeninhalt, der in der Abbildung markiert ist. Kreuze die beiden zutreffenden Aussagen an.

A	$A = \int\limits_{-2}^{2} f(x)\,dx$	☐
B	$A = 2 \cdot \int\limits_{0}^{1} f(x)\,dx - 2 \cdot \int\limits_{1}^{2} f(x)\,dx$	☐
C	$A = \int\limits_{-1}^{1} f(x)\,dx + 2 \cdot \left\| \int\limits_{-2}^{-1} f(x)\,dx \right\|$	☐
D	$A = 2 \cdot \int\limits_{-2}^{0} f(x)\,dx$	☐
E	$A = \int\limits_{-2}^{0} f(x)\,dx + \int\limits_{0}^{2} f(x)\,dx$	☐

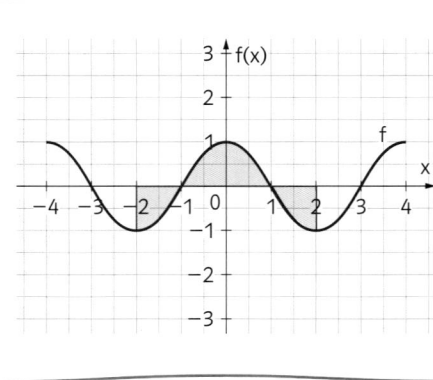

AN-R 4.3 **M** **48.** Gegeben ist eine quadratische Funktion f. Ordne die angeführten Integrale den farbig gekennzeichneten Flächeninhalten zu.

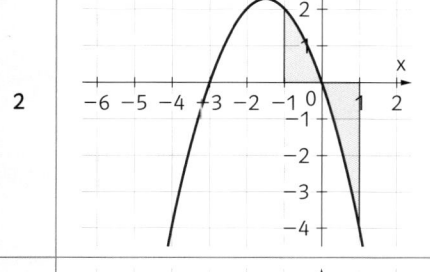

A	$\left\|\int\limits_{-4}^{-3} f(x)\,dx\right\| + \int\limits_{-3}^{-2} f(x)\,dx$
B	$\int\limits_{-1}^{1} f(x)\,dx$
C	$\left\|\int\limits_{-1}^{-2} f(x)\,dx\right\|$
D	$2\int\limits_{-1,5}^{0} f(x)\,dx$
E	$\left\|\int\limits_{0}^{1} f(x)\,dx\right\| + \int\limits_{-1}^{0} f(x)\,dx$
F	$\left\|\int\limits_{-1}^{1} f(x)\,dx\right\|$

1 [ ]

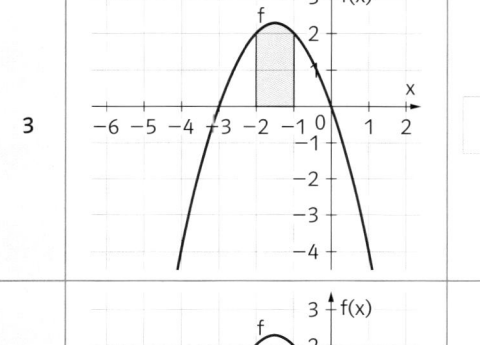

2 [ ]

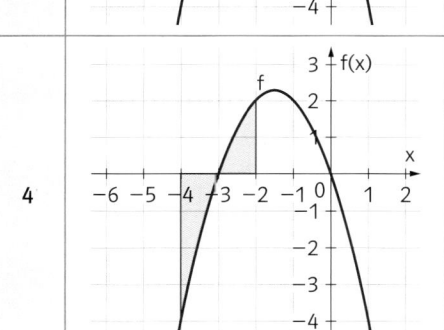

3 [ ]

4 [ ]

AN-R 4.3 **M** **49.** Gegeben ist die reelle Funktion f mit $f(x) = 3 \cdot \sin(x)$.
Ermittle den Flächeninhalt, den der Graph dieser Funktion im Intervall $[-\pi;\ \pi]$ mit der x-Achse einschließt.

A = _____

Der Flächeninhalt zwischen zwei Funktionsgraphen

50. In der Abbildung sind die Graphen zweier Polynomfunktionen f und g dargestellt. Die x-Koordinaten der Schnittpunkte sind ganzzahlig. Der Graph von g schneidet die x-Achse bei −3,8 und bei 0,7. Gib einen Term an, mit dem man den in der Abbildung markierten Flächeninhalt berechnen kann.

a)

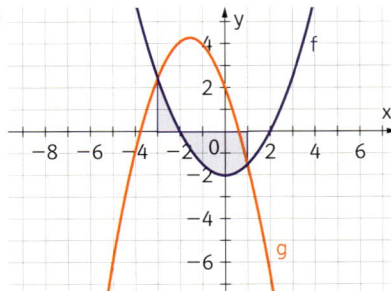

A = _____

b)

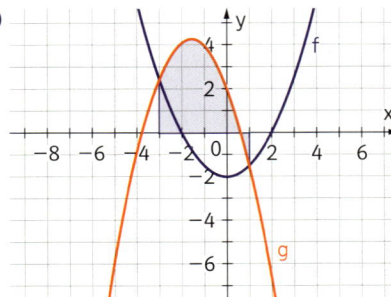

A = _____

c)

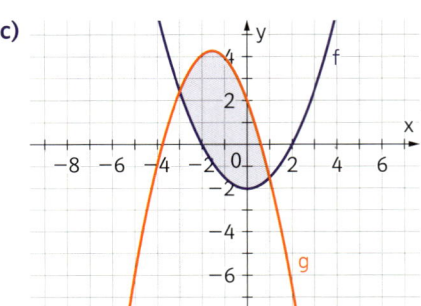

A = _____

d)

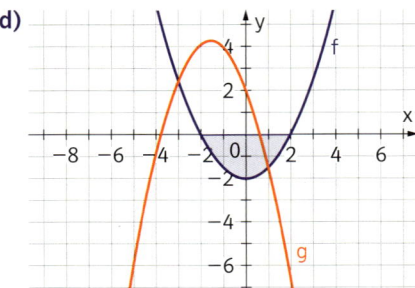

A = _____

e)

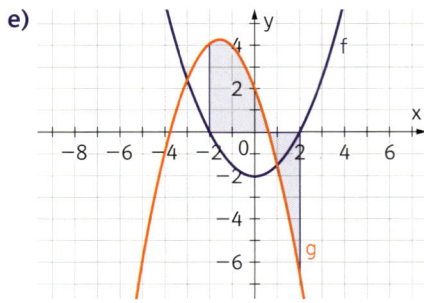

A = _____

f)

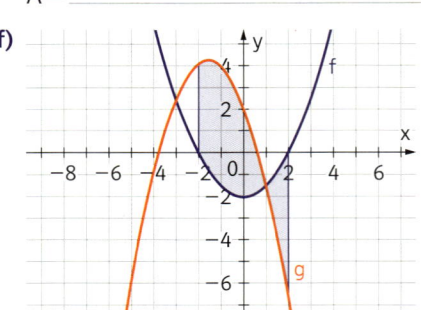

A = _____

AN-R 4.3 **M**
51. Gegeben sind die Graphen der Funktionen f und g, welche einander an den Stellen −2, 0 und 1 schneiden. Gib eine Formel an, mit welcher man den farbig markierten Flächeninhalt ermitteln kann.

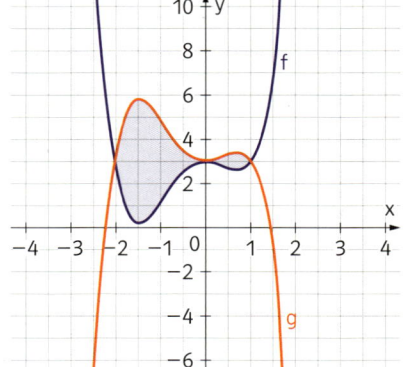

52. Gegeben sind Funktionen sowie Flächeninhalte, welche zwischen den Graphen der Funktionen und den Graphen anderer Funktionen liegen. Kreuze an, welche Funktionsgleichung für die jeweilige zweite Funktion in Frage kommt. Die Buchstaben neben den korrekten Lösungen ergeben ein Lösungswort.

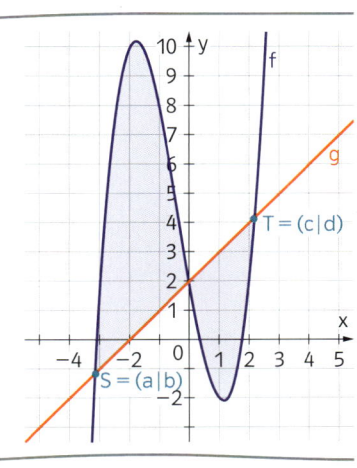

Lösungswort: _____

1) $f(x) = -x^2 + 5$

  $A = 21{,}33$

  D ☐ $g(x) = x$

  T ☐ $g(x) = 2x + 6$

  K ☐ $g(x) = 2x^2 + 3$

  S ☐ $g(x) = x^2 + 4x - 1$

  P ☐ $g(x) = 4x^2 - 5$

2) $f(x) = -x^2$

  $A = 21{,}33$

  A ☐ $g(x) = 2x^2$

  O ☐ $g(x) = x^2 - 8$

  E ☐ $g(x) = 8x^2 + 3$

  U ☐ $g(x) = x$

  I ☐ $g(x) = x^3$

3) $f(x) = -3x^2 + 3x$

  $A = 140{,}63$

  M ☐ $g(x) = -2x^2$

  T ☐ $g(x) = 18$

  N ☐ $g(x) = 5x^2 + 1$

  S ☐ $g(x) = -5x^2 + 18x$

  H ☐ $g(x) = 4x^2 + 3x$

53. Gegeben ist die ungerade Funktion f mit $f(x) = x^3 - 4x$.

1) Bestimme den Wendepunkt der Funktion f und gib die Funktionsgleichung der Wendetangente w an.

2) Berechne $\int_{-1}^{1} f(x)\,dx$ und erkläre das Ergebnis.

3) Berechne den Flächeninhalt, den die beiden Funktionen f und w in $[-1;\,1]$ miteinander einschließen.

AN-R 4.3 **M** **54.** Gegeben sind die Graphen der Funktionen f und g sowie einige Berechnungsansätze zur Ermittlung des farbig markierten Flächeninhalts. Kreuze jene(n) Term(e) an, mit dem (denen) man den gesuchten Flächeninhalt berechnen kann.

A	$\int_{a}^{c}(f(x) - g(x))\,dx$	☐
B	$\int_{a}^{0}(f(x) - g(x))\,dx - \int_{0}^{c}(f(x) - g(x))\,dx$	☐
C	$\int_{a}^{0}(f(x) - g(x))\,dx + \int_{0}^{c}(g(x) - f(x))\,dx$	☐
D	$\int_{a}^{2}(f(x) - g(x))\,dx - \int_{2}^{c}(f(x) - g(x))\,dx$	☐
E	$\int_{a}^{0}(f(x) - g(x))\,dx + \left|\int_{0}^{c}(f(x) - g(x))\,dx\right|$	☐

Uneigentliche Integrale

55. Berechne das uneigentliche Integral.

a) $\int\limits_{2}^{\infty} \frac{-3}{x^4}\,dx$ b) $\int\limits_{1}^{\infty} \frac{-2}{x^2}\,dx$

Vernetzung – Typ-2-Aufgaben

Typ 2   **M**   **56.** Bei einem Fahrtraining auf dem ÖAMTC-Platz fährt ein Auto eine Teststrecke in einer bestimmten Zeit. Die dazugehörige Geschwindigkeitsfunktion v_A mit $v_A(t) = 38 - 3{,}2\,e^{2{,}44\,-\,0{,}1t}$ beschreibt die Geschwindigkeit (in m/s) des Autos im Zeitintervall [0; 60] (t in Sekunden). Ein Motorrad ist zur gleichen Zeit auf derselben Strecke unterwegs. Seine Geschwindigkeit lässt sich mit der Funktion v_M mit $v_M(t) = 3{,}33 + 2{,}2\,e^{2{,}44\,-\,0{,}1(t\,-\,0{,}24)}$ beschreiben.

a) Gib die Bedeutung von t_1 an, wenn folgende Gleichung gilt:

$$\int\limits_{0}^{20} v_A(t)\,dt = \int\limits_{0}^{t_1} v_M(t)\,dt$$

b) Ermittle, nach wie vielen Sekunden das Auto einen Kilometer zurückgelegt hat.

c) Gegeben sind die Graphen der beiden Zeit-Geschwindigkeitsfunktionen. Erkläre die Bedeutung des markierten Flächeninhalts im Kontext und ermittle den dazugehörigen Wert.

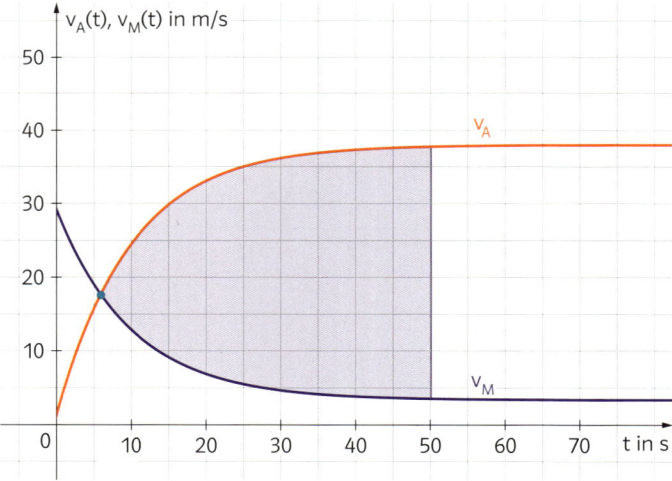

3 Weitere Anwendungen der Integralrechnung

3.1 Volumenberechnungen

Volumina von Körpern mit bekannter Querschnittsfläche

57. Die horizontale Querschnittsfläche eines Körpers ist in jeder Höhe z eine geometrische Figur mit der Seitenlänge $a(z) = 3 - \frac{1}{3}z^2$, wobei $z \in [0; 3]$ ist. Ordne jeder Querschnittsfläche das passende Volumen des jeweiligen Körpers zu.

1	Querschnittsfläche: gleichseitiges Dreieck		A	$\approx 37{,}4$
2	Querschnittsfläche: regelmäßiges Sechseck		B	$8{,}7$
3	Querschnittsfläche: Quadrat		C	$\approx 6{,}2$
			E	$14{,}4$
			F	$\approx 30{,}9$

Volumina von Rotationskörpern

58. Gegeben ist eine Ellipse mit
ell: $49x^2 + 81y^2 = 3\,969$.

a) Durch Rotation um die x-Achse entsteht ein Ellipsoid. Ergänze die Lücken im Rechengang.

1) Bestimme die Koordinaten der Hauptscheitel.

A = (____ | ____)

B = (____ | ____)

2) Forme die Ellipsengleichung nach y^2 um.

$y^2 = $ _____

3) Ermittle das Volumen des Ellipsoids.

$V = 2\pi$ _____ dx = _____

b) Die Ellipse rotiert um die y-Achse. Ermittle das Volumen des entstandenen Ellipsoids.

_____

59. Die Innenseite eines Trinkglases entsteht durch Rotation der Parabel p mit $p(x) = x^2 + 1$ um die y-Achse. Das Glas ist 10 cm hoch (siehe Skizze).

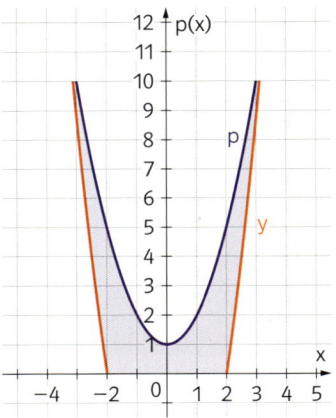

1) Berechne, in welcher Höhe über dem inneren Boden des Glases die Füllmarke „1/8 Liter" angebracht ist.

2) Ein Gast eines Heurigen behauptet: „Wenn der Wirt bei 200 Gläsern jeweils nur bis 2 mm unter der „1/8 Liter-Marke" einschenkt, spart er mehr als einen ganzen Liter."
Überprüfe diese Behauptung rechnerisch.

3) Die Außenseite des Glases wird durch Rotation der Parabel
$r(x) = \frac{7}{4}x^2 - 7$ um die y-Achse gebildet.

Ermittle die Masse des leeren Glases, wenn die Dichte der verwendeten Glassorte 1,8 kg/dm^3 beträgt.

3.2 Weg – Geschwindigkeit – Beschleunigung

Von nicht-negativen Zeit-Geschwindigkeitsfunktionen auf den Weg schließen

AN-R 4.3 **M**

60. Eine Läuferin startet zum Zeitpunkt t_0 einen sechs Sekunden dauernden Sprint. Ihre Geschwindigkeit (in m/s) während des Sprints wird mit der Zeit-Geschwindigkeitsfunktion v mit $v(t) = t + 3$ (t in Sekunden) modelliert.

Berechne $\int_0^6 (t + 3)\,dt$ und interpretiere das Ergebnis im gegebenen Kontext.

61. Herr Paimauer ist ein begeisterter Radfahrer. Die Diagramme zeigen die Zeit-Geschwindigkeitsfunktionen seiner letzten vier Radtouren.

Kreuze an, bei welcher Tour er den längsten Weg zurückgelegt hat.

A ☐
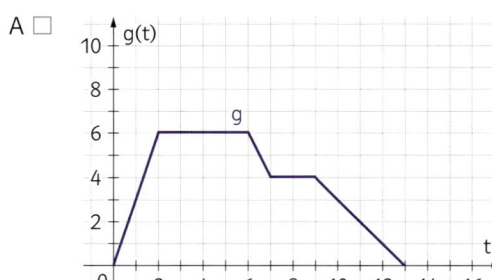

B ☐
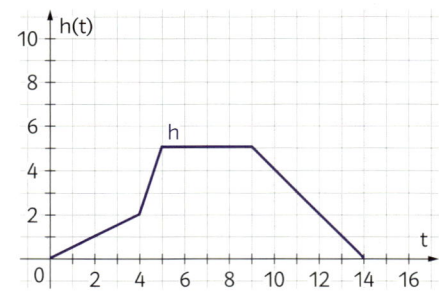

C ☐
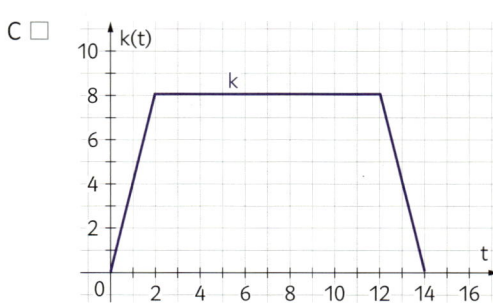

D ☐
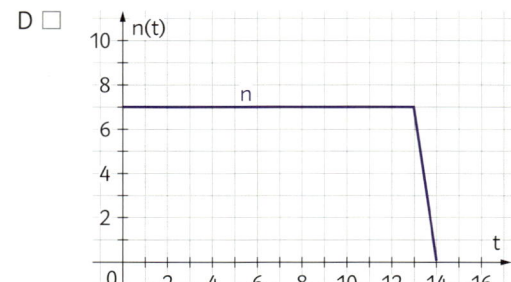

AN-R 4.3 **M** **62.** Das Diagramm zeigt den Graphen der Zeit-Geschwindigkeitsfunktion v eines Körpers mit $v(t) = -t^2 + 3t + 1$. Ermittle, wann der Körper $\frac{20}{3}$ m zurückgelegt hat und markiere den entsprechenden Flächeninhalt in der Abbildung.

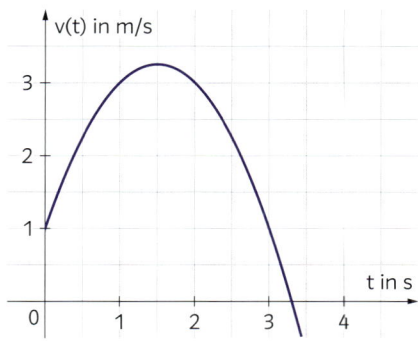

Von beliebigen Zeit-Geschwindigkeitsfunktionen auf den Weg schließen

AN-R 4.3 **M** **63.** Eine Schildkröte bewegt sich geradlinig auf einer Bahn. Gegeben ist der dazugehörige Graph der Zeit-Geschwindigkeitsfunktion v im Intervall [0; 3] (v in m/h). Kreuze die zutreffende(n) Aussage(n) an.

A	$\int_0^3 v(t)\,dt$ beschreibt den Abstand der Schildkröte vom Startpunkt zum Zeitpunkt $t = 3$.	☐
B	$\int_0^2 v(t)\,dt - \int_2^3 v(t)\,dt$ beschreibt den im Zeitintervall [0; 3] insgesamt zurückgelegten Weg der Schildkröte.	☐
C	$\int_0^2 v(t)\,dt$ beschreibt den im Zeitintervall [0; 2] zurückgelegten Weg der Schildkröte.	☐
D	Zum Zeitpunkt 2 ist die Schildkröte weiter vom Startpunkt entfernt als zum Zeitpunkt 2,5.	☐
E	$\int_0^3 v(t)\,dt$ beschreibt den im Zeitintervall [0; 3] zurückgelegten Weg der Schildkröte.	☐

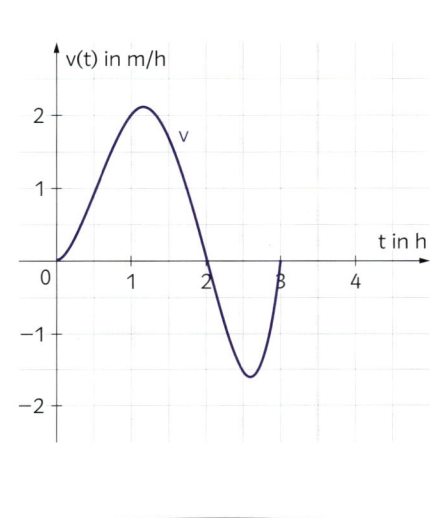

Von einer nicht-negativen Zeit-Beschleunigungsfunktion auf die Geschwindigkeit und den Weg schließen

64. Bei einem Experiment wird ein motorisiertes Papierflugzeug mit einer Anfangsgeschwindigkeit von 2 m/s gestartet und anschließend beschleunigt. Seine Beschleunigung nach t Sekunden ist durch $a(t) = t$ (m/s^2) gegeben. Ermittle den zurückgelegten Weg im jeweiligen Zeitintervall und trage die Buchstaben neben den Intervallen zu den zutreffenden Lösungen in die Tabelle ein, um ein Lösungswort zu erhalten.

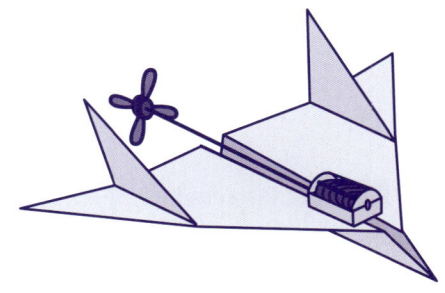

Lösungswort: _____

1) [2; 3] N   **3)** [0; 2] E   **5)** [1; 3] G   **7)** [8; 8] I

2) [1; 4] E   **4)** [5; 6] E   **6)** [0; 1] R

17,17 m	5,17 m	5,33 m	2,17 m	8,33 m	0 m	16,50 m

Von einer beliebigen Zeit-Beschleunigungsfunktion auf die Geschwindigkeit und den Weg schließen

AN-R 4.3 **M** **65.** Gegeben ist der Graph der Zeit-Beschleunigungsfunktion a (a(t) in m/s^2).
Veranschauliche die Geschwindigkeitsänderung (v(t) in m/s) im Intervall [1; 4].

a)

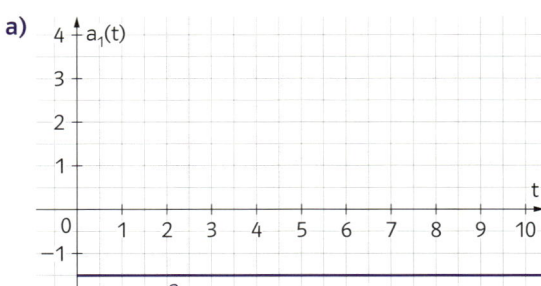

b)

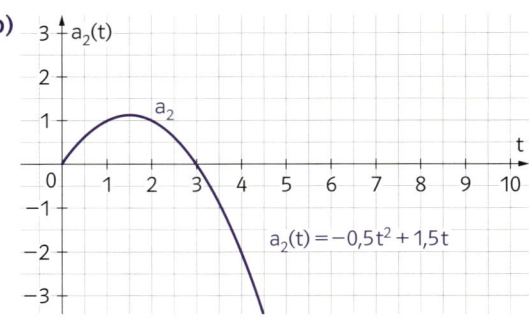

$a_2(t) = -0,5t^2 + 1,5t$

66. Ein Fahrzeug beschleunigt aus dem Stand (s(0) = 0, v(0) = 0).
Die Beschleunigung nach t Sekunden bis zu dem Zeitpunkt, an welchem a(t) = 0 gilt, lässt sich durch die Funktion a mit
$a(t) = 10 - 0,5t + 0,005t^2$ (m/s^2) beschreiben.

1) Ermittle den Zeitpunkt, zu dem das Fahrzeug mit maximaler Geschwindigkeit fährt.

_____

2) Ermittle die Höchstgeschwindigkeit des Fahrzeugs.

_____

3) Gib den Weg bis zur Erreichung der Höchstgeschwindigkeit an.

_____

3.3 Naturwissenschaftliche Anwendungen

Zusammenhang zwischen Kraft und Arbeit

AN-R 4.3 **M** **67.** Um eine Stahlfeder zu dehnen benötigt man Kraft. Eine Feder wird aus der Ruhelage $x_0 = 0$ um x mm gedehnt, wofür die Kraft F(x) verwendet wird. Interpretiere den Ausdruck $\int_0^{60} F(x)\,dx$ im gegebenen Kontext.

_____

AN-R 4.3 **M** **68.** Die Federkraft F einer bestimmten Spiralfeder kann im Definitionsbereich [0; 6] durch die Funktionsgleichung
F(x) = 3,5 x beschrieben werden.
Zeichne die Arbeit, die man benötigt um eine Feder von der Ausdehnung von 1,5 cm auf 3 cm zu bringen, in das F-x-Diagramm ein.

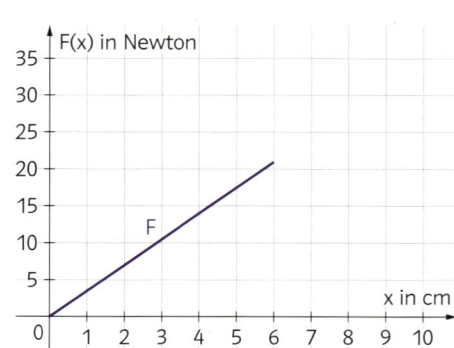

69. Gegeben sind drei F-x-Diagramme von Spiralfedern. Bestimme die Feder, bei welcher man die meiste Arbeit benötigt hat, um die Feder von der Ruhelage auf 25 cm zu dehnen und kreuze das dazugehörige Diagramm an.

Feder 1 ☐

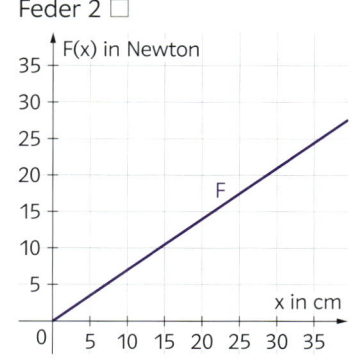

Feder 2 ☐

Feder 3 ☐

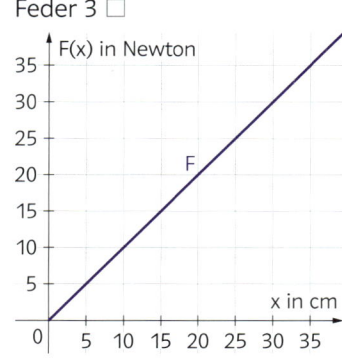

Zusammenhang zwischen Leistung und Arbeit

AN-R 4.3 **M**

70. Die Leistung P einer Maschine mit $P(t) = 3t + 5$ ist im Zeitintervall $[0; 7,5]$ (t in Stunden) gegeben.

Interpretiere folgenden Rechenausdruck: $\int_{0}^{7,5} (3t + 5)\, dt$

AN-R 4.3 **M**

71. Eine Maschine arbeitet fehlerhaft. Die Leistung des Geräts nimmt dabei innerhalb eines Arbeitstages (8 Stunden) linear von 9 MJ/h auf 3,5 MJ/h ab. Ermittle die Arbeit, die in diesen acht Stunden von der Maschine verrichtet wird.

W = _____

Integral einer momentanen Änderungsrate

72. N(t) gibt die Anzahl von Bakterien nach t Stunden an. Die Änderungsrate N'(t) wird durch die Funktionsgleichung $N'(t) = 30 + 400t$ beschrieben. Ermittle die Bakterienzunahme in den gesuchten Zeitintervallen. Ordne die Werte nach der Größe (beginne mit dem kleinsten Wert) und du erhältst ein Lösungswort.

1) $[9; 10,5]$ A   **2)** $[3; 5]$ T   **3)** $[20; 21]$ K   **4)** $[20,5; 22]$ T

Lösungswort: _____

AN-R 4.3 **M**

73. Die Funktion k(t) bezeichnet die momentane Änderungsrate des Durchmessers einer Kristalldruse in Millimeter/Jahr. Gegeben ist der Term $\int_{4}^{7} k(t)\, dt$.

Interpretiere diesen Rechenausdruck im Kontext.

3.4 Anwendungen aus der Wirtschaft

Kostenfunktion und Grenzkostenfunktion

AN-R 4.3 **M** **74.** Gegeben ist die Grenzkostenfunktion K' mit $K'(x) = 0{,}02\,x^2 - 5\,x + 400$.
Kreuze die mögliche(n) Kostenfunktion(en) an.

A ☐ $K(x) = \frac{1}{150} \cdot (x^3 - 375\,x^2 + 60\,000\,x)$ D ☐ $K(x) = \frac{1}{150} \cdot (x^3 - 375\,x^2)$

B ☐ $K(x) = x^3 - 375\,x^2 + 60\,000\,x$ E ☐ $K(x) = \frac{1}{150} \cdot (x^3 + 375\,x^2 + 60\,000\,x)$

C ☐ $K(x) = \frac{1}{150} \cdot (x^3 - 375\,x^2 + 60\,000\,x + 20\,000)$

75. Gegeben ist die Grenzkostenfunktion K' mit
$K'(x) = 0{,}002\,x^2$. Gib die Änderung der Gesamtkosten
an, wenn die Produktion von 50 ME auf 100 ME
erhöht wird und stelle den erhaltenen Wert in der
Abbildung dar.

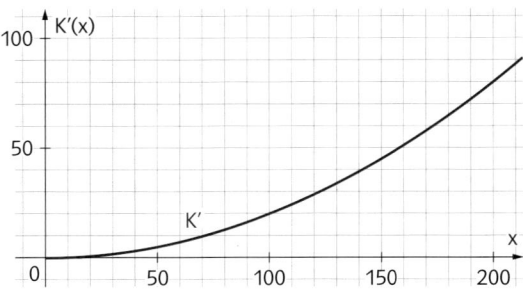

76. Eine Firma produziert einen Luxusartikel, von welchem sie maximal 100 ME herstellen will.
Die Gleichung der Grenzkostenfunktion ist durch $K'(x) = -0{,}2\,x + 40$ gegeben. Bei der Herstellung von
50 ME betragen die Gesamtkosten 2 550 GE. Ermittle die Kostenfunktion.

$K(x) = \underline{\hspace{5cm}}$

Gewinnfunktion und Grenzgewinnfunktion

AN-R 4.3 **M** **77.** Gegeben ist die Funktion g mit $g(x) = -2\,x^2 + 15\,x + 7$, die den Grenzgewinn G' in einem Betrieb
beschreibt. Im Betrieb findet eine Erhöhung der abgesetzten Menge von 4 ME auf 6 ME statt. Gib an,
welche Auswirkungen dies auf die Gewinnsituation des Betriebs hat und begründe deine Aussage!

78. Gegeben ist der Graph der Funktion g, der den Grenzgewinn G'
in einem Betrieb darstellt.
Der Betriebsleiter erwägt eine Erhöhung der abgesetzten Menge
von 5 ME auf 8 ME.

Stelle den Ausdruck $\int_{5}^{8} g(x)\,dx$ geometrisch dar und deute den

Wert des Integrals im gegebenen Kontext.

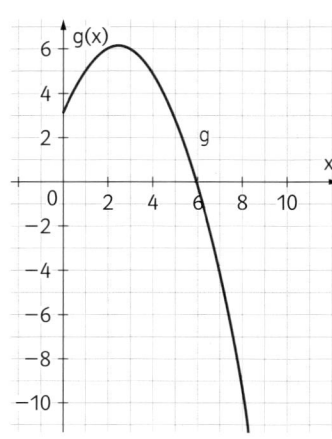

Vernetzung – Typ-2-Aufgaben

Typ 2 **M** **79.** Ein Kran hebt eine Last 20 Meter hoch. Die dabei nach oben wirkende Kraft auf die Last (in Newton N) in Abhängigkeit von der Höhe h (in Metern) wird durch die Funktion F beschrieben, deren Graph unten dargestellt ist. Wenn sich die Last nicht nach oben bewegt, wird die Kraft null gesetzt.

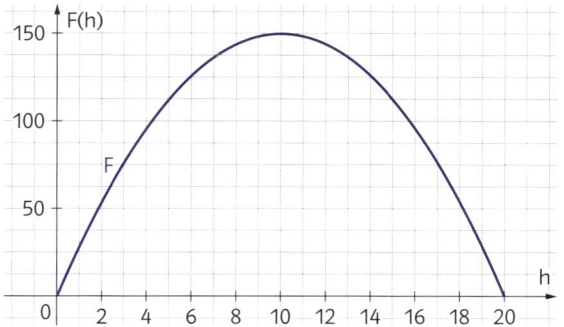

a) Kreuze die zutreffende(n) Aussage(n) an.

A	An der Stelle 20 befindet sich die Last wieder auf dem Boden.	☐
B	Die Arbeit, die der Kran an der Last verrichtet, nimmt zunächst zu und dann ab.	☐
C	Die Arbeit, die der Kran an der Last verrichtet, ist im Höhenintervall [6; 8] größer als in [14; 18].	☐
D	An der Stelle 10 ist die verrichtete Arbeit im Höhenintervall [0; 20] am größten.	☐
E	Die maximale Kraft, die auf die Last wirkt, beträgt 150 N.	☐

b) Die Kraft F in Abhängigkeit von der Höhe h kann durch die Funktion F mit $F(h) = -1{,}5\,h^2 + 30\,h$ beschrieben werden. Die Leistung, die der Kran während des Hebevorgangs bringt, beschreibt die Funktion P mit $P(t) = \frac{75}{32}\,t^2 - 60\,t$.

Berechne die Zeit, die der Kran zum Heben der Last auf 20 Meter Höhe benötigt.

c) Beton für eine Baustelle wird durch Betonmischlastwagen angeliefert, die den Beton in einer rotierenden, fassförmigen Tonne transportieren. Der Querschnitt der Tonne ist in nebenstehender Abbildung dargestellt. Der Querschnitt wird durch Parabeln der Form: $y = a\,x^2 + b\,x + c$ begrenzt. Die Tonne eines liefernden Lastwagens ist bis zur momentanen Füllhöhe mit Beton gefüllt. Berechne das Volumen des angelieferten Betons, der mit diesem Lastwagen angeliefert wird.

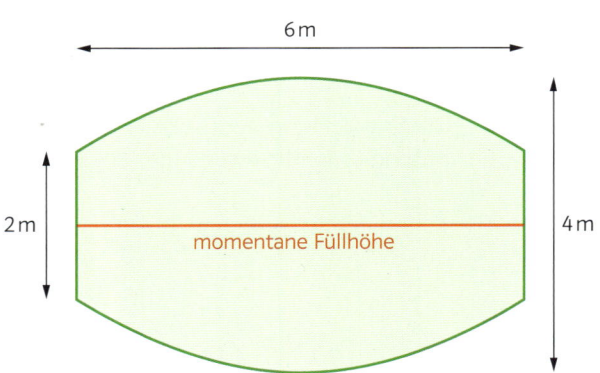

27

4.1 Diskrete Wachstumsmodelle und Abnahmemodelle

Lineare Differenzengleichungen

80. Jemand nimmt bei einer Bank ein Darlehen in der Höhe von 50 000 € auf, das in Jahresraten zu 4 000 € zurückbezahlt werden soll. Die Rückzahlung erfolgt jeweils am Jahresende und der noch offene Darlehensbetrag wird mit 4,5 % p.a. verzinst. y_n gibt den noch offenen Darlehensbetrag nach n Jahren an.
Kreuze die Differenzengleichung an, die diesen Prozess beschreibt

A	$y_{n+1} = 1{,}045 \cdot y_n + 4\,000, \ y_0 = 50\,000$	☐
B	$y_{n+1} = 1{,}045 \cdot y_n - 4\,000, \ y_0 = 50\,000$	☐
C	$y_{n+1} = 0{,}045 \cdot y_n - 4\,000, \ y_0 = 50\,000$	☐
D	$y_{n+1} = 1{,}045 \cdot y_n - 1{,}045 \cdot 4\,000, \ y_0 = 50\,000$	☐
E	$y_{n+1} = 1{,}045 \cdot (y_n - 4\,000), \ y_0 = 50\,000$	☐
F	$y_{n+1} = 1{,}045 \cdot 4\,000 - y_n, \ y_0 = 50\,000$	☐

81. Die gegebene Tabelle enthält Werte einer Größe zum Zeitpunkt $n \in \mathbb{N}$.

n	0	1	2	3
y_n	2	−1	11	−37

Die Entwicklung der Größe wird durch eine lineare Differenzengleichung der Art $y_{n+1} = a \cdot y_n + b$ beschrieben. Bestimme die reellen Parameter a und b.

a = _____

b = _____

Diskretes lineares Modell – $y_{n+1} = y_n + b$

82. Eine bestimmte Algenart vergrößert den Inhalt der von ihr bedeckten Fläche unter idealen Bedingungen um 16 cm^2 pro Tag. y_n gibt die von den Algen bedeckte Fläche (in cm^2) nach n Tagen an. Gib die Differenzengleichung an, die die von den Algen bedeckte Fläche beschreibt.

$y_0 = 50$

$y_{n+1} - y_n =$ _____

AN-R 1.4 **M** **83.** Vervollständige den Satz so, dass er mathematisch korrekt ist.

Die lineare Differenzengleichung $y_{n+1} = a \cdot y_n + b$ beschreibt ein diskretes lineares Änderungsmodell, wenn _____ (1) _____ ist. Mit dem Anfangswert y_0 lautet die expizite Form _____ (2) _____ .

(1)		(2)	
$a > 1$	☐	$y_n = y_0 + b$	☐
$a = 1$	☐	$y_n = n \cdot b$	☐
$a < 1$	☐	$y_n = y_0 + n \cdot b$	☐

84. Gegeben ist die graphische Darstellung eines diskreten linearen Änderungsvorgangs. Gib eine Differenzengleichung der Art $y_{n+1} = y_n + b$ sowie eine explizite Darstellung von y_n an.

Differenzengleichung:

_____

Explizite Darstellung:

_____

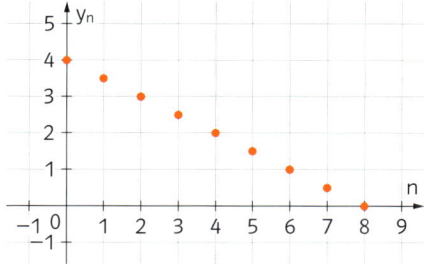

Diskretes exponentielles Modell – $y_{n+1} = a \cdot y_n$, $a > 0$

85. Die Population einer vom Aussterben bedrohten Spezies zählt aktuell noch 900 Individuen, deren Anzahl jedoch jährlich um zwei Drittel abnimmt. y_n gibt die Anzahl der Individuen nach n Jahren an.

a) Gib für y_n eine lineare Differenzengleichung der Form $y_{n+1} = a \cdot y_n + b$ an.

b) Gib eine explizite Darstellung für y_n an und berechne y_n für $n = 2$.

86. Die Anzahl der Rehe hat sich in einem Waldgebiet innerhalb eines Jahres von 50 auf 70 Tiere erhöht. Beschreibe die Entwicklung der Rehpopulation für die kommenden Jahre durch eine lineare Differenzengleichung, wenn der Entwicklung des Tierbestands ein diskretes exponentielles Wachstumsmodell zugrunde gelegt wird. Dabei gibt y_n den Rehbestand nach n Jahren an.

$y_0 = 50$ $\qquad$ $y_{n+1} - y_n =$ _____ $\qquad$ $y_{n+1} =$ _____

AN-R 1.4 **M** **87.** Kreuze jene beiden Differenzengleichungen an, die mit gegebenem Anfangswert $y_0 = 5$ eine exponentielle Zunahme beschreiben.

A	B	C	D	E
$y_{n+1} = 3 \cdot y_n$	$y_{n+1} = y_n + 5$	$y_{n+1} = 0,1 \cdot y_n$	$y_{n+1} = 1,1 \cdot y_n$	$y_{n+1} = y_n - 5$
☐	☐	☐	☐	☐

88. Es sei A(t) die Anzahl der Bakterien in einem Kühlschrank zum Zeitpunkt t (in Sekunden). Die mittlere Änderungsrate der Bakterienanzahl im Zeitintervall [t; t + 1] ist direkt proportional zu A(t) mit dem Proportionalitätsfaktor k. Beschreibe diesen Sachverhalt mit Hilfe einer Differenzengleichung.

Weitere diskrete Modelle – $y_{n+1} = a \cdot y_n + b$, $a > 0$, $b \neq 0$

AN-R 1.4 **M** **89.** Die Populationsentwicklung einer ausgewählten Wasserschweinherde kann mit folgender Differenzengleichung beschrieben werden:

$y_{n+1} = y_n + k \cdot (W - y_n)$, k ist konstant mit $0 < k < 1$, $W - y_n$ ist der Freiraum zum Zeitpunkt n, $n \in \mathbb{N}$.

Kreuze die beiden zutreffenden Aussagen an.

A	Der Zuwachs des Bestandes ist direkt proportional zur momentanen Tieranzahl.	☐
B	Die Tieranzahl lässt sich mit dieser Formel zu jedem Zeitpunkt $t \in \mathbb{R}^+$ ermitteln.	☐
C	Mit zunehmender Zeit wird der jährliche Zuwachs bei den Wasserschweinen immer geringer.	☐
D	Der jährliche Zuwachs ist direkt proportional zum Freiraum.	☐
E	Die Gleichung beschreibt ein exponentielles Wachstumsmodell.	☐

90. Ein Unternehmen will in einer Stadt ein neues Küchengerät, das in noch keinem Haushalt vorhanden ist, einführen. Man beginnt in einem Stadtteil mit 2 000 Haushalten einen Testverkauf. y_n beschreibt die Anzahl der verkauften Geräte nach n Wochen. Die Firma rechnet für die Entwicklung der Anzahl der verkauften Küchengeräte mit dem Proportionalitätsfaktor k = 18,15 %.
Stelle für y_n eine Differenzengleichung der Form $y_{n+1} - y_n = k \cdot (W - y_n)$ auf und bringe diese in die Form $y_{n+1} = a \cdot y_n + b$.

91. Bestimme die Wachstumsgrenze bzw. den fehlenden Parameter für das beschränkte Wachstumsmodell.

a) $y_{n+1} = 0,4 \cdot y_n + 1200$; $y_0 = 500$ W = _____

b) $y_{n+1} = a \cdot y_n + 500$; $y_0 = 350$; W = 2 500   a = _____

c) $y_{n+1} = 0,6 \cdot y_n + b$; $y_0 = 400$; W = 1950   b = _____

4.2 Kontinuierliche Wachstumsmodelle und Abnahmemodelle

Lösen der Differentialgleichung $y'(t) = m$ mit $m \in \mathbb{R}$

92. Ermittle die speziellen Lösungen der Differentialgleichungen. Trage die Buchstaben in die Tabelle zu den korrekten Lösungen ein und du erhältst ein Lösungswort.

1) $y'(t) = a$ $y(0) = b$ E

2) $y'(t) = b$ $y(0) = -a$ T

3) $y'(t) = -a$ $y(0) = -b$ U

4) $y'(t) = -b$ $y(0) = a$ R

5) $y'(t) = b$ $y(0) = a$ T

6) $y'(t) = a$ $y(0) = -b$ L

7) $y'(t) = -a$ $y(0) = b$ E

8) $y'(t) = -b$ $y(0) = -a$ O

$y(t) = -bt + a$		$y(t) = -at - b$		$y(t) = at + b$		$y(t) = bt + a$	
$y(t) = -bt - a$		$y(t) = at - b$		$y(t) = bt - a$		$y(t) = -at + b$	

93. Bestimme die Lösung der Differentialgleichung.

a) $y'(t) = 10$ $y(0) = 4$

b) $y'(t) = 0$ $y(-1) = -1$

c) $y'(t) = 7$ $P = (1 \mid 13)$

d) $y'(t) = -1{,}3$ $P = (4 \mid 1{,}5)$

Lösen der Differentialgleichung $y'(t) = m \cdot y(t)$ mit $m \in \mathbb{R}$

94. Vervollständige den Satz so, dass er mathematisch korrekt ist.

Ist ____(1)____ eine Differentialgleichung mit der Anfangsbedingung $y(0) = 0$, dann lautet die Lösung ____(2)____.

(1)		(2)	
$y'(t) = c \cdot y(t)$	☐	$y(t) = k \cdot t + y_0$	☐
$y'(t) = k \cdot t$	☐	$y(t) = y_0 \cdot e^{c \cdot t}$	☐
$y'(t) = c \cdot (W + y(t))$	☐	$y(t) = W - (W - y_0) \cdot e^{-ct}$	☐

95. Gib die Lösung der Differentialgleichung an.

a) $y'(t) = 4 \cdot y(t)$ $y(0) = 1$

b) $y'(t) = 1{,}4 \cdot y(t)$ $y(0) = -2$

c) $y'(t) = 3 \cdot (10 - y(t))$ $y(0) = 5$

d) $y'(t) = 15 - y(t)$ $y(0) = 2$

Kontinuierliches lineares Wachstumsmodell und Abnahmemodell

96. Eine 7 cm große Kerze wird angezündet. Die Geschwindigkeit, mit der die Kerze abbrennt, beträgt 9 mm/h. Modelliere die Höhe der Kerze durch ein kontinuierliches lineares Wachstumsmodell und bestimme die Höhe nach 5 Stunden.

97. Ein leeres Schwimmbecken, das 50 000 l fasst, wird mit Wasser gefüllt. Die Geschwindigkeit, mit der das Wasser zufließt, beträgt 20 l/min. y(t) beschreibt die Wassermenge im Becken in Litern nach t Minuten.

a) Modelliere die Änderung der Wassermenge im Becken durch eine Differentialgleichung und gib deren Lösung an.

b) Ermittle die Wassermenge im Becken nach einer Stunde.

c) Bestimme die Zeit, nach der das Becken komplett gefüllt ist.

Kontinuierliches exponentielles Modell

98. Eine besondere Goldmünze hat einen Neuwert von 1300 €. Die momentane Änderungsrate des Werts der Goldmünze ist zu jedem beliebigen Zeitpunkt (in Jahren) direkt proportional zum aktuellen Wert. Der Proportionalitätsfaktor beträgt 0,12.

a) Beschreibe die Wertsteigerung der Münze durch eine Differentialgleichung und gib deren Lösung an.

b) Gib an, nach welcher Zeit die Münze ihren Wert verdoppelt.

c) Bestimme den Wert der Münze in zehn Jahren.

99. Die Länge einer bestimmten Lianenart beträgt gegenwärtig 0,05 m. Die Wachstumsgeschwindigkeit zum gegenwärtigen Zeitpunkt ist 0,069314 m/Monat. Die momentane Änderungsrate der Länge der Liane (in Metern) ist zu jedem beliebigen Zeitpunkt (in Monaten) direkt proportional zur aktuellen Länge.

a) Bestimme den Proportionalitätsfaktor und beschreibe die Länge der Liane durch eine Differentialgleichung.

Proportionalitätsfaktor = _____

$y'(t) =$ _____

b) Gib die Länge y(t) der Liane zur Zeit t an.

$y(t) =$ _____

c) Bestimme die Anzahl der Monate, nach der die Liane eine Länge von 10 m erreicht.

$t \approx$ _____

Kontinuierliches beschränktes Modell

100. Ein Speiseeis (−1°C) wird serviert und in einem Gastgarten bei 37°C verzehrt. Die momentane Änderungsrate der Temperatur des Speiseeises ist zu jedem beliebigen Zeitpunkt (in Minuten) rund 36% der Differenz zwischen der Umgebungstemperatur und der aktuellen Temperatur des Eises. Gib eine Differentialgleichung und deren Lösung an, welche die Temperatur y(t) des Eises nach t Minuten modelliert.

y′(t) = _____   y(t) = _____

101. Eine bestimmte Baumart wird höchstens 30 m hoch. Beim Einpflanzen haben die Jungbäume eine Höhe von 0,2 m. Die Wachstumsgeschwindigkeit zum Zeitpunkt des Einpflanzens beträgt für diese Baumart 1 m/Jahr. Die momentane Änderungsrate der Baumhöhe ist zu jedem beliebigen Zeitpunkt (in Jahren) direkt proportional zum noch vorhandenem Freiraum.

a) Ermittle den Proportionalitätsfaktor m und gib eine Differentialgleichung für die Änderung der Baumhöhe zum Zeitpunkt t an.

m = _____   y′(t) = _____

b) Bestimme die Lösung der Differentialgleichung.

y(t) = _____

c) Nach wie vielen Jahren hat der Baum eine Höhe von 20 m erreicht?

t ≈ _____

Kontinuierliches logistisches Modell

102. Gegeben ist die Differentialgleichung y′(t) = a · y(t) · (K − y(t)), wobei a der Proportionalitätsfaktor und K − y(t) der noch vorhandene Freiraum ist.
Gib den Graphen einer typischen Lösungsfunktion an, wenn **a)** $y_0 < K$ **b)** $y_0 > K$ ist.

a)
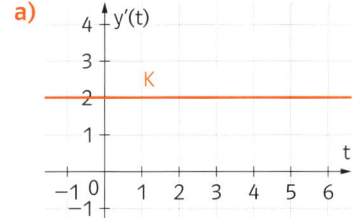

b)
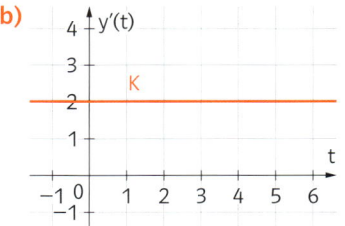

103. Zeige, dass $f(t) = \dfrac{W}{1 + b \cdot e^{-W \cdot k \cdot t}}$ die Lösung der Differentialgleichung f′(t) = k · f(t) · (W − f(t)) ist.

4.3 Wirkungsdiagramme und Flussdiagramme

Wirkungsdiagramme (Ursache – Wirkung) – Rückkopplung

104. Gegeben ist ein Wirkungsdiagramm zum Thema „Nachhilfe".

a) Beschreibe die Zusammenhänge der einzelnen Komponenten bezüglich gleich- und gegensinniger Wirkung.

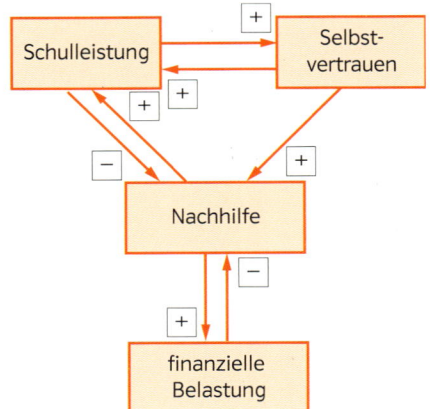

b) Gib Beziehungen an, bei denen es zu
1) einer eskalierenden Rückkopplung kommt,
2) einer stabilisierenden Rückkopplung kommt.

Flussdiagramme

105. Der Tierbestand in Österreich wächst pro Zeiteinheit proportional mit dem Wachstumsfaktor $c = 0{,}36$. Der Bestand nimmt umso stärker ab je größer die Population ist und je mehr gejagt wird. Dabei geht man pro Zeiteinheit von einem Abnahmefaktor von $v = 0{,}007$ aus.

a) Erstelle ein Flussdiagramm, das diesen Kontext graphisch darstellt.

b) Gib das den Flussraten zugrundeliegende Änderungsmodell an.

106. Gib zum unten dargestellten Modell die Bestandsgröße, die Flussraten sowie die Hilfsgrößen an und interpretiere das Flussdiagramm im Kontext. Gib an, welche Änderungsmodelle den Flussraten zugrunde liegen.

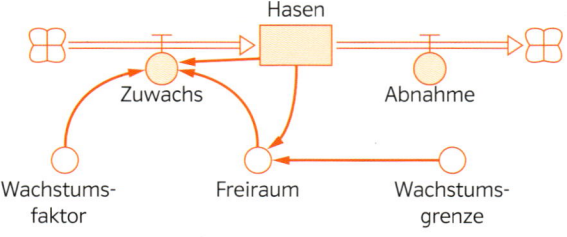

Bestandsgröße: _____   Flussraten: _____

Hilfsgrößen: _____

Vernetzung – Typ-2-Aufgaben

Typ 2 **M** **107.** Wirkt auf einen Körper eine Kraft, welche proportional zur Auslenkung aus seiner Ruhelage ist, entsteht eine harmonische Bewegung.
Gegeben sind die Elongation s (beschreibt die Auslenkung der Schwingung zum Zeitpunkt t) einer harmonischen Schwingung mit $s(t) = r \cdot \sin(\omega t + \varphi)$ sowie die Differentialgleichung $s''(t) = -\omega^2 \cdot s(t)$, wobei r (Amplitude) die maximale Auslenkung der Schwingung aus der Ruhelage, ω die Winkelgeschwindigkeit und φ den Winkel angibt.

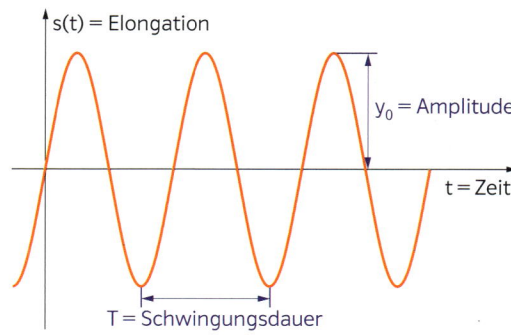

a) Kreuze die zutreffende(n) Aussage(n) an.

A	Die Differentialgleichung enthält eine Ableitung der Funktion s(t).	☐
B	Alle Lösungen von Differentialgleichungen sind reelle Zahlen.	☐
C	Die Funktion s(t) erfüllt die Differentialgleichung $f''(x) = -f(x)$.	☐
D	Ist $s''(t) = 0$, so ist die Lösung eine nichtlineare Funktion.	☐
E	Die Differentialgleichung beschreibt ein lineares Wachstum.	☐

b) Zeige, dass die Funktion s(t) eine Lösung der angegebenen Differentialgleichung ist.

Zeige, dass auch die Funktionen $g(t) = r \cdot \cos(\omega t + \varphi_1)$ und $k(t) = r_1 \cdot \sin(\omega t + \varphi_2) + r_2 \cdot \cos(\omega t + \varphi)$ Lösungen der Differentialgleichung sind.

c) Löse folgende Differentialgleichung: $s''(t) = -16\pi^2 \cdot s(t)$ mit $s'(t) = 0$ und $s(0) = 2\pi$.

5 Stetige Zufallsvariablen

5.1 Dichte- und Verteilungsfunktionen

Stetige Zufallsvariablen

108. Kreuze die Sachverhalte an, die durch eine diskrete Zufallsvariable beschrieben werden.

Selbstkontrolle:
Das Verhältnis von diskreten zu stetigen Zufallsvariablen beträgt $5:4$.

(1) Die Zufallsvariable X bezeichnet die Anzahl der Schülerinnen und Schüler in einer Klasse. ☐

(2) Die Zufallsvariable X bezeichnet die Menge Mehl in einem 5-kg-Sack. ☐

(3) Die Zufallsvariable X bezeichnet die Zeit, die Schülerinnen und Schüler für das Lösen einer Maturaaufgabe in Mathematik benötigen. ☐

(4) Die Zufallsvariable X bezeichnet den Fettanteil in Prozent bei einem Hartkäse. ☐

(5) Die Zufallsvariable X bezeichnet die Kleidergrößen, die man in einem Altersheim finden kann. ☐

(6) Die Zufallsvariable X bezeichnet die Geldbeträge, die die Kinder einer Kindergartengruppe am Weltspartag einzahlen. ☐

(7) Die Zufallsvariable X bezeichnet den Gewinn, den man im Lotto „6 aus 45" machen kann. ☐

(8) Die Zufallsvariable X bezeichnet die Verspätung, die ein Zug in Österreich haben kann. ☐

(9) Die Zufallsvariable X bezeichnet die Anzahl der Ameisen in einem Ameisenhaufen. ☐

Die Wahrscheinlichkeitsdichtefunktion einer stetigen Zufallsvariablen

109. Kreuze die Funktionsgraphen an, die Dichtefunktionen einer Zufallsvariablen X sein könnten.

A ☐

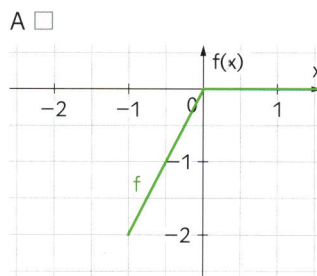

B ☐

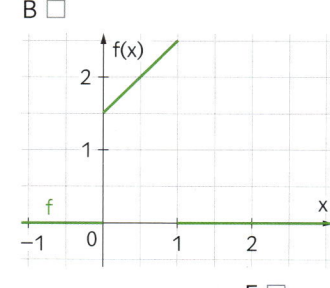

C ☐

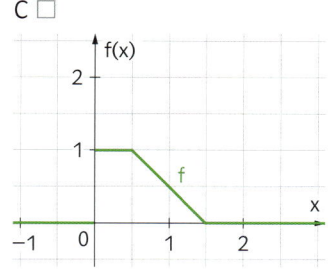

D ☐

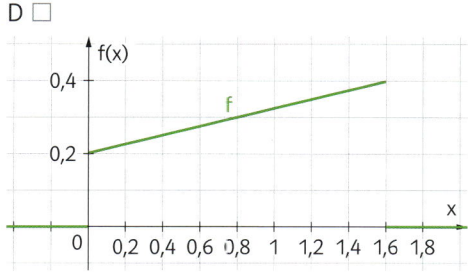

E ☐

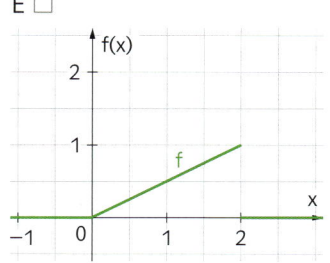

110. Die Zufallsvariable X besitzt die Dichtefunktion f mit $f(x) = \begin{cases} 0; & x < 12{,}75 \\ -0{,}4x + 6; & 12{,}75 \leq x \leq 14{,}8 \\ 0; & x > 14{,}8 \end{cases}$.

Ordne jeder angegebenen Wahrscheinlichkeit den passenden Wert zu.

1	$P(12{,}8 \leq X \leq 14{,}8)$		A	1
2	$P(0 \leq X)$		B	0,1
3	$P(13{,}4 \leq X \leq 14)$		C	0,96
4	$P(X = 14{,}7)$		D	0,54
			E	0,312
			F	0

Die Verteilungsfunktion einer stetigen Zufallsvariablen

111. Gegeben ist der Graph der Dichtefunktion g.

1) Ermittle die Funktionsgleichung von g (g ist im Intervall [1; 2] quadratisch).

_____

2) Zeichne zur gegebenen Dichtefunktion den Graphen der Verteilungsfunktion.

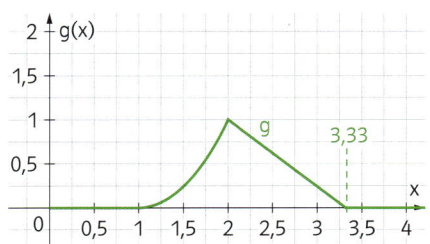

3) Bestimme folgende Wahrscheinlichkeiten rechnerisch.

(1) $P(X \leq 1{,}5) =$ _____

(2) $P(X \leq 3) =$ _____

(3) $P(1{,}5 \leq X \leq 3) =$ _____

(4) $P(2 \leq X \leq 2{,}5) =$ _____

4) Zeichne die Wahrscheinlichkeiten in die Dichtefunktion ein.

5.2 Erwartungswert, Varianz und Standardabweichung einer stetigen Zufallsvariablen

112. a) Gegeben ist eine Dichtefunktion f mit $f(x) = \begin{cases} 0; & x < 2 \\ x - 1{,}5; & 2 \leq x \leq 3 \\ 0; & x > 3 \end{cases}$.

(1) Zeichne den Graphen der Funktion f und zeige, dass es sich um eine Dichtefunktion handelt.

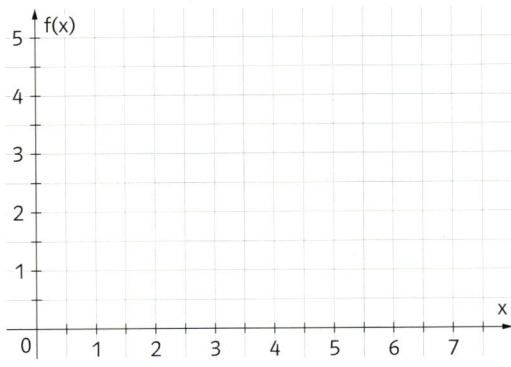

(2) Ermittle μ und σ.

μ = _____   σ = _____

b) Gegeben ist eine Dichtefunktion f mit $f(x) = \begin{cases} 0; & x \leq 5 \\ \frac{1}{3}x - \frac{5}{3}; & 5 \leq x \leq 7 \\ -\frac{2x}{3} + \frac{16}{3}; & 7 \leq x \leq 8 \\ 0; & x \geq 8 \end{cases}$. Ermittle μ und σ.

μ = _____   σ = _____

113. Gegeben ist der Graph einer Dichtefunktion f.

a) Ermittle μ, σ und die Funktionsgleichung von f.

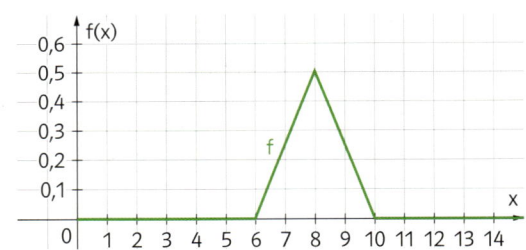

f(x) = _____

μ = _____   σ = _____

b) Kreuze die zutreffende(n) Aussage(n) an.

A	Der Erwartungswert einer stetigen Zufallsvariablen ist immer eine positive Zahl.		☐
B	Die Funktionswerte einer Dichtefunktion können als Wahrscheinlichkeit interpretiert werden.		☐
C	Die Standardabweichung für stetige und diskrete Zufallsvariablen ermittelt man auf die gleiche Weise.		☐
D	Alle Funktionswerte einer Dichtefunktion können größer als 1 sein.		☐
E	Die Varianz ist immer eine positive, reelle Zahl.		☐

Vernetzung – Typ-2-Aufgaben

Typ 2 **M** **114.** Bei einem Glücksrad beschreibt die Zufallsvariable X den Winkel im Bogenmaß, den man von einer festgelegten Nullposition zu der Stelle messen kann, an der das Glücksrad stehenbleibt (siehe Skizze).

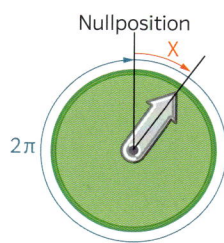

a) Gib die Verteilungsfunktion $P(X \leqslant x)$ für eine Drehung des Glücksrads an. Gib eine Dichtefunktion f an, welche die Wahrscheinlichkeiten der Verteilungsfunktion korrekt beschreibt.

b) Damit Funktionen als Dichtefunktionen von Zufallsvariablen gelten, muss die Bedingung

$$\int\limits_{-\infty}^{+\infty} f(x)\,dx = 1 \text{ erfüllt sein.}$$

Um diese Eigenschaft sicherzustellen, werden Funktionen oft „normiert". Das bedeutet, es wird ein Parameter im Funktionsterm der Funktion so angepasst, dass die Eigenschaft erfüllt ist.

Die Dichtefunktion f einer Zufallsvariablen X ist gegeben durch

$$f(x) = \begin{cases} a \cdot x + 0{,}25 & \text{für } 0 \leqslant x \leqslant 1 \\ 0 & \text{sonst} \end{cases}.$$

Bestimme den Parameter a so, dass f die Dichtefunktion einer Zufallsvariablen ist und berechne den Erwartungswert von X.

c) Für eine Dichtefunktion f und eine Verteilungsfunktion F gilt in einem Intervall [a; b] die

Eigenschaft: $\int\limits_{a}^{b} f(x)\,dx = F(b) - F(a) = P(a \leqslant X \leqslant b)$

Kreuze die zutreffende(n) Aussage(n) an!

A	Je größer der Unterschied der Funktionswerte der Verteilungsfunktion F zwischen den Stellen a und b ist, desto größer ist die Wahrscheinlichkeit, dass die Zufallsvariable Werte in [a; b] annimmt.	☐
B	Für ein kleines Intervall [x; x + h] gilt: Je größer der Funktionswert der Dichtefunktion f an der Stelle x ist, desto geringer ist der Unterschied der Funktionswerte der Verteilungs-funktion in [x; x + h].	☐
C	Je kleiner die Wahrscheinlichkeit ist, dass die Zufallsvariable X zwischen a und b liegt, desto kleiner ist auch der Unterschied der Funktionswerte der Verteilungsfunktion zwischen den Stellen a und b.	☐
D	Für ein kleines Intervall [x; x + h] gilt: Je kleiner der Funktionswert der Dichtefunktion f an der Stelle x ist, desto kleiner ist auch die Wahrscheinlichkeit, dass die Zufallsvariable X in [x; x + h] liegt.	☐
E	Für ein kleines Intervall [x; x + h] gilt: Je geringer die Wahrscheinlichkeit ist, dass die Zufallsvariable X in [x; x + h] liegt, desto größer ist der Funktionswert der Dichtefunktion f an der Stelle x.	☐

6.1 Die Normalverteilung

115. Ordne jedem Graphen der Dichtefunktion einer normalverteilten Zufallsvariablen die passende Funktionsgleichung und Eigenschaft zu.

A		B		C	

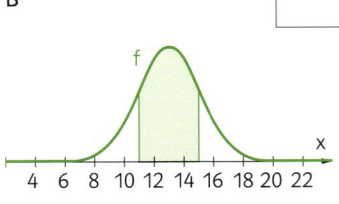

D		E		F	

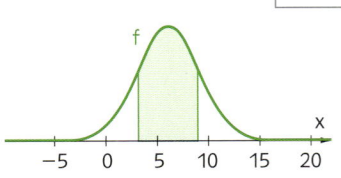
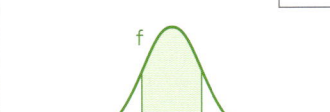
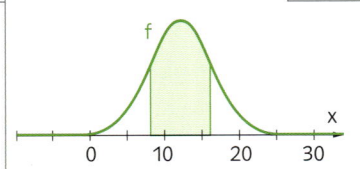

G $f(x) = \frac{1}{\sqrt{2\pi} \cdot 4} \cdot e^{-\frac{1}{2}\left(\frac{x-12}{4}\right)^2}$	H $f(x) = \frac{1}{\sqrt{2\pi} \cdot 2} \cdot e^{-\frac{1}{2}\left(\frac{x-13}{2}\right)^2}$	I $f(x) = \frac{1}{\sqrt{2\pi} \cdot 3} \cdot e^{-\frac{1}{2}\left(\frac{x-6}{3}\right)^2}$
J $f(x) = \frac{1}{\sqrt{2\pi}} \cdot e^{-\frac{1}{2}(x-8)^2}$	K $f(x) = \frac{1}{\sqrt{2\pi} \cdot 5} \cdot e^{-\frac{1}{2}\left(\frac{x-9}{5}\right)^2}$	L $f(x) = \frac{1}{\sqrt{2\pi} \cdot 5} \cdot e^{-\frac{1}{2}\left(\frac{x-10}{5}\right)^2}$
M Extremstelle: 12	N symmetrisch zu x = 9	O Wendestellen: 5, 15
P symmetrisch zu x = 6	Q Extremstelle: 13	R Wendestellen: 7, 9

Berechnung von Wahrscheinlichkeiten mit Technologieeinsatz

116. Ermittle die angegebenen Wahrscheinlichkeiten für eine normalverteilte Zufallsvariable X mit N(250; 10) mit Technologieeinsatz und markiere die dazugehörige Fläche in der Abbildung farbig.

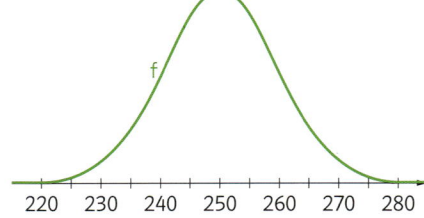

a) $P(X \geq 270) = $ _____

b) $P(240 \leq X \leq 260) = $ _____

117. Die Lebensdauer X (in Jahren) eines CD-Rohlings ist normalverteilt mit N(20; 5). Bestimme die gesuchte Wahrscheinlichkeit für das beschriebene Ereignis und markiere den entsprechenden Bereich unter der Gauß'schen Glockenkurve.

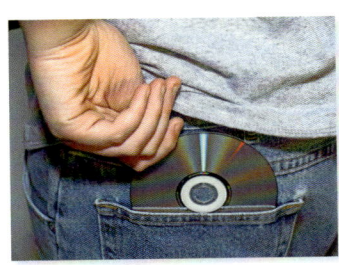

a) Die Lebensdauer beträgt mindestens 24 Jahre.

P(_____) = _____

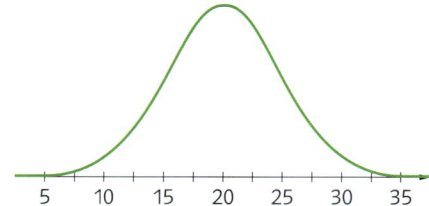

b) Die Lebensdauer beträgt zwischen 15 und 24 Jahre.

P(_____) = _____

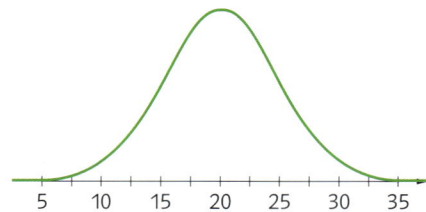

c) Die Lebensdauer beträgt höchstens 24 Jahre.

P(_____) = _____

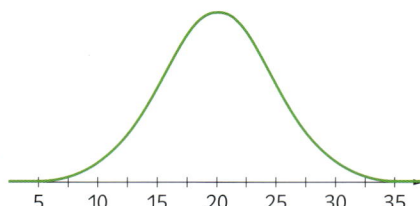

d) Die Lebensdauer beträgt mehr als 20 Jahre.

P(_____) = _____

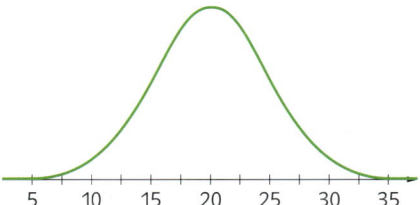

e) Die Lebensdauer beträgt weniger als 15 Jahre.

P(_____) = _____

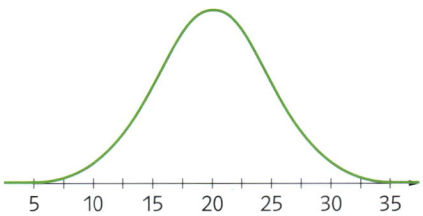

f) Die Lebensdauer beträgt weniger als 10 oder mehr als 30 Jahre.

P(_____) = _____

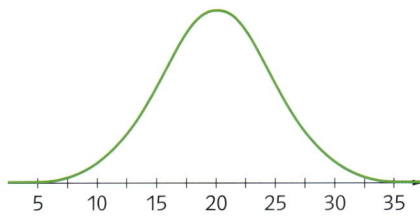

Zusammenhänge zwischen den Wahrscheinlichkeiten einer normalverteilten Zufallsvariablen

WS-R 3.4 **M** **118.** X beschreibt eine normalverteilte Zufallsvariable. Das Intervall [c; d] mit c, d ∈ ℝ, c < d ist symmetrisch um den Erwartungswert μ. Kreuze die beiden Aussagen an, die jedenfalls zutreffend sind.

a)

A	$P(X \leq c) = P(X \geq d)$	☐
B	$P(X \leq c) + P(X > d) = 1$	☐
C	$P(X = c) = 0$	☐
D	$P(X \leq c) = 1 - P(X \geq d)$	☐
E	$P(c \leq X \leq d) = P(X \geq d) + P(X \leq c)$	☐

b)

A	$1 - P(X \leq c) = P(X > c)$	☐
B	$P(X \leq d) - P(X \leq c) = 0$	☐
C	$P(X = d) + P(X = c) = 0$	☐
D	$P(X \geq c) = P(X \geq d) + P(c \leq X \leq d)$	☐
E	$P(c \leq X \leq d) = 2 \cdot P(X \leq c)$	☐

Sigma-Intervalle

119. Bei Nilpferden in einer bestimmten Region ist die Lebensdauer (in Jahren) normalverteilt mit N(45; 2). Kreuze die zutreffende(n) Aussage(n) an.

A	Ungefähr 2,3 % der Nilpferde werden älter als 49 Jahre.	☐
B	Zirka 68,3 % der Tiere werden zwischen 43 und 47 Jahre alt.	☐
C	Nur ca. 1 % der Tiere wird älter als 51 Jahre.	☐
D	Rund 95,4 % der Nilpferde werden zwischen 39 und 51 Jahre alt.	☐
E	Ungefähr 0,15 % der Tiere sterben schon vor dem 39. Lebensjahr.	☐

120. Bei der Abfüllung von Marmelade in Gläser ist die Menge annähernd normalverteilt mit μ = 250 und σ = 1,5 (Angaben in Gramm g). Ermittle die gesuchten Wahrscheinlichkeiten und interpretiere die Ergebnisse im Kontext.

a) $1 - P(\mu - \sigma \leq X \leq \mu + \sigma)$: _____

_____

b) $P(X > 254,5)$:

_____

c) $P(\mu - 3\sigma \leq X \leq \mu + 3\sigma)$:

_____

d) $P(X < 247)$:

_____

Die Verteilungsfunktion einer normalverteilten Zufallsvariablen

WS-R 3.4 **M** **121.** X ist eine normalverteilte Zufallsvariable, F ist ihre Verteilungsfunktion, a < b mit a, b ∈ ℝ. Ordne den Berechnungen die entsprechenden Wahrscheinlichkeiten zu.

1	1 − F(b) + F(a)			A	P(X > a)
2	F(a)			B	P(X = b)
3	F(b) − F(a)			C	P(X ≤ a oder b ≤ X)
4	1 − F(a)			D	P(X ≤ a)
				E	P(X ≤ b oder a ≤ X)
				F	P(a ≤ X ≤ b)

6.2   Die Standard-Normalverteilung

122. Z ist eine N(0; 1)-verteilte Zufallsvariable, Φ bezeichnet die Verteilungsfunktion der Standardnormalverteilung. Bestimme die gesuchten Werte der Verteilungsfunktion bzw. der Wahrscheinlichkeit. Verwende dazu die Tabelle der Standardnormalverteilung. Trage die Buchstaben in der Tabelle zu den korrekten Lösungen ein und es ergibt sich ein Lösungswort.

Lösungswort: _____

1) $P(Z \leq 1{,}5)$	K		6)	$\Phi(1{,}81)$	N
2) $P(Z \geq -0{,}5)$	A		7)	$\Phi(-2{,}5)$	E
3) $P(0{,}76 \leq Z \leq 1{,}44)$	E		8)	$\Phi(0{,}66)$	S
4) $P(Z \leq 0{,}75)$	E		9)	$\Phi(-1{,}5)$	S
5) $P(Z \geq -1{,}35)$	T		10)	$\Phi(-1{,}81)$	S

0,0668	0,9115	0,0062	0,6915	0,9332	0,7734	0,0352	0,7454	0,1487	0,9649

WS-R 3.4 **M** **123.** Gegeben ist die Dichtefunktion φ einer normalverteilten Zufallsvariablen mit dem Erwartungswert 0 und der Standardabweichung 1. Ergänze die Textteile durch Ankreuzen so, dass eine mathematisch korrekte Aussage entsteht.

Der Graph von φ ändert an der Stelle ____(1)____ ____(2)____

(1)		(2)	
− 2	☐	das Monotonieverhalten	☐
2	☐	das Krümmungsverhalten	☐
−1	☐	die Symmetrie	☐

Umkehraufgaben

124. Gegeben sind die Verteilungsfunktion Φ der Standard-Normalverteilung und der Wert z der standard-normalverteilten Zufallsvariablen Z. Ordne dem jeweiligen Φ(z), den richtigen Wert von z zu.

1	Φ(z) = 0,99621		A	z = −2,92	
2	Φ(z) = 0,00175		B	z = 1,51	
3	Φ(z) = 0,93189		C	z = 2,67	
4	Φ(z) = 0,40517		D	z = 0,99	
			E	z = −0,24	
			F	z = 1,49	

Die Standardisierung einer normalverteilten Zufallsvariablen

125. Das Gewicht (in Kilogramm kg) der Riesenmuschel Tridacninae, welche Korallenriffe im indopazifischen Raum besiedelt, ist laut Untersuchungen in einer bestimmten Region annähernd normalverteilt mit N(350 kg; 75 kg). Bestimme mit Hilfe der Standardnormalverteilung folgende Wahrscheinlichkeiten.

a) Das Gewicht beträgt mindestens 400 kg. _____

b) Das Gewicht beträgt zwischen 300 kg und 500 kg. _____

c) Das Gewicht beträgt höchstens 250 kg. _____

d) Das Gewicht ist kleiner als 150 kg. _____

e) Das Gewicht ist größer als 450 kg. _____

WS-R 3.4 **M** **126.** Eine Zufallsvariable X ist normalverteilt mit dem Erwartungswert 15 und der Standardabweichung 2. Φ ist die Verteilungsfunktion der Standardnormalverteilung. Ordne jedem Ausdruck die passende Wahrscheinlichkeit zu.

1	Φ(2)		A	P(X ≤ 11)	
2	Φ(0)		B	P(X ≤ 19)	
3	Φ(−2)		C	P(11 ≤ X ≤ 13)	
4	Φ(−1) − Φ(−2)		D	P(X ≤ 15)	
			E	P(11 ≤ X ≤ 17)	
			F	P(X ≥ 7)	

127. Eine Studie eines Tierfutterherstellers ergab, dass das Geburtsgewicht X bei Kaninchen annähernd normalverteilt ist mit $\mu = 65\,g$ und $\sigma = 12\,g$. Φ ist die Verteilungsfunktion der Standardnormalverteilung.
Jeweils drei der Felder passen in diesem Kontext zusammen. Markiere sie in der gleichen Farbe.

$P(X \leq 50)$	$\Phi(1,25) - \Phi(0,42)$	$P(60 \leq X \leq 80)$	$1 - \Phi(2,08)$
$\Phi(0,42) - \Phi(-0,83)$	$P(X \geq 90)$	$0,4592$	$0,10565$
$0,0186$	$0,559$	$\Phi(-1,25)$	$P(55 \leq X \leq 70)$

6.3 Bestimmung von Parametern der Normalverteilung

Berechnung von Intervallen einer normalverteilten Zufallsvariablen

128. Gegeben sind normalverteilte Zufallsvariablen X mit $N(\mu; \sigma)$. Bestimme die gesuchten Werte für k und trage die Buchstaben neben den Aufgaben in die Tabelle zu den korrekten Lösungen ein. Du erhältst ein Lösungswort.

Lösungswort: _____

1) $N(150; 20)$; $P(X \leq k) = 0,9$ O

2) $N(77; 13)$; $P(X \geq k) = 0,35$ P

3) $N(300; 60)$; $P(X \geq k) = 0,66$ O

4) $N(65; 40)$; $P(\mu - k \leq X \leq \mu + k) = 0,3$ H

5) $N(190; 30)$; $P(X \leq k) = 0,58$ K

6) $N(100; 25)$; $P(X \geq k) = 0,85$ S

7) $N(188; 42)$; $(X \geq k) = 0,95$ W

8) $N(500; 50)$; $P(\mu - k \leq X \leq \mu + k) = 0,89$ R

118,9161	275,2522	79,91	196,0568	74,0892	15,413	175,63	82,0092

Berechnung des Erwartungswertes μ einer normalverteilten Zufallsvariablen

129. In einer Mühle wird Mehl in 500 g-Säcke abgepackt. Die Masse des eingefüllten Mehls ist annähernd normalverteilt. Um Beschwerden wegen zu geringen Inhalts aus dem Weg zu gehen, hat die Firmenleitung beschlossen, pro Mehlsack etwas mehr als ein halbes Kilogramm abzufüllen.
Ermittle, wie viel Mehl im Durchschnitt pro Sack abgefüllt werden muss (bei $\sigma = 15\,g$), wenn nur 2 % der Säcke weniger als 500 g wiegen dürfen.

$\mu = $ _____

Berechnung der Standardabweichung σ einer normalverteilten Zufallsvariablen

130. Im Internet findet man viele Tabellen mit den ungefähren Kleidergrößen für Babys. Diese werden aufgrund der verschiedenen Körpermaße ermittelt. Nimm an, dass die angegebenen Werte für 90 % der Säuglinge in Österreich gelten,

Babygrößentabelle					
Körpergröße in cm	Brustumfang in cm	Taillenumfang in cm	Hüftumfang in cm	Größe	Cirka Alter
40−50	41−43	41−43	41−43	50	Frühchen und bis 1 Monat
51−56	43−45	43−45	43−45	56	1−2 Monate
57−62	45−47	45−47	45−47	62	2−3 Monate
63−68	47−49	46−48	47−49	68	4−6 Monate
69−74	49−51	47−49	49−51	74	7−9 Monate
75−80	51−53	48−50	51−53	80	10−12 Monate

Quelle: www.vorname.com/ratgeber

die Werte normalverteilt sind und die Intervalle symmetrisch um den Erwartungswert liegen. Ermittle die gesuchten Standardabweichungen.

1) Brustumfang bei 7−9 Monate alten Kindern   σ = _____

2) Hüftumfang bei 1−2 Monate alten Kindern   σ = _____

6.4 Annäherung der Binomialverteilung durch die Normalverteilung

WS-R 3.4   **M**   **131.** In einem Gymnasium hat jede Schülerin bzw. jeder Schüler die Möglichkeit einen Spind zu bekommen. Dazu muss man nur am Anfang des Schuljahres die Kaution von 21 € im Sekretariat hinterlegen und bekommt dann einen Schlüssel zu einem Spind im jeweiligen Klassenraum. Im Juni werden dann die Schlüssel wieder abgesammelt und die Kautionen wieder ausbezahlt. Erfahrungsgemäß haben aber 10 % der Schülerinnen und Schüler im Laufe des Schuljahres ihre Schlüssel verloren und erhalten daher ihre Kautionen nicht zurück.

Ein Mädchen ermittelt die Wahrscheinlichkeit, dass mehr als 420 € nicht zurückgezahlt werden, wenn von 660 Schülerinnen und Schülern 50 % einen Spind hatten.
In der Abbildung ist der Rechenweg dargestellt:

$$420\,€ : 21\,€ = 20 \qquad P(X \geq 20)$$
$$660 \cdot 0{,}5 = 330 \qquad \text{von 330 Schlüsseln mindestens 20 verloren}$$
$$\mu = 330 \cdot 0{,}1 = 33 \qquad \sigma = \sqrt{330 \cdot 0{,}1 \cdot 0{,}9} \approx 5{,}45$$
$$z = \frac{x - \mu}{\sigma} = \frac{20 - 33}{5{,}45} = -2{,}39$$
$$\Phi(-2{,}39) = 0{,}99158 \qquad P(X \geq 20) = 0{,}99158$$

Kreuze die zutreffende(n) Aussage(n) an.

A	Die Schülerin hat die Aufgabe korrekt gelöst.	☐
B	Bei der Anzahl der Schlüssel, die verloren gingen, handelt es sich um eine normalverteilte Zufallsvariable.	☐
C	Die Annäherung durch eine Normalverteilung in dieser Aufgabe ist zulässig.	☐
D	Die Schülerin hat die Aufgabe nicht korrekt gelöst.	☐
E	Bei der Anzahl der Schlüssel, die verloren gingen, handelt es sich um eine binomialverteilte Zufallsvariable.	☐

132. Kreuze an, wann eine Approximation der Binomialverteilung durch die Normalverteilung ausreichend gut ist.

Selbstkontrolle: 6 Kästchen werden angekreuzt.

1) $n = 900$, $p = 0,72$ ☐   **5)** $n = 200$, $p = 0,54$ ☐

2) $n = 1300$, $p = 0,38$ ☐   **6)** $n = 500$, $p = 0,99$ ☐

3) $n = 40$, $p = 0,19$ ☐   **7)** $n = 750$, $p = 0,29$ ☐

4) $n = 1500$, $p = 0,60$ ☐   **8)** $n = 3\,800$, $p = 0,11$ ☐

WS-R 3.4 **M** **133.** Auf der Homepage der Statistik Austria kann man lesen, dass 18,9 % der Österreicher und Österreicherinnen armuts- oder ausgrenzungsgefährdet sind. Es werden 1000 Personen in Österreich zufällig ausgewählt. Die Zufallsvariable X gibt die Anzahl der Personen aus dieser Gruppe an, die armuts- oder ausgrenzungsgefährdet sind. Gib ein um den Erwartungswert symmetrisches Intervall für X an, in welchem mit 95 %iger Wahrscheinlichkeit die Anzahl dieser Personen liegt.

Intervall: _____

WS-R 3.4 **M** **134.** In einer Firma werden pro Woche 10 000 Knöpfe hergestellt. Die Zufallsvariable X bezeichnet die fehlerhaften Stück. Aus Erfahrung weiß man, dass der Anteil der fehlerhaften Knöpfe bei der Produktion bei 1,5 % liegt. Gib an, warum in diesem Fall die Binomialverteilung durch die Normalverteilung approximiert werden kann und ermittle die Wahrscheinlichkeit, dass wöchentlich höchstens 130 fehlerhafte Knöpfe produziert werden.

135. Auf der kurvigen Straße im Helenental fahren erfahrungsgemäß 45 % der Motorräder zu schnell. Die Zufallsvariable X beschreibt die Anzahl der Motorräder, die mit erhöhtem Tempo unterwegs sind. Bei einer Polizeikontrolle wird die Geschwindigkeit von 100 Motorrädern überprüft. Kreuze die zutreffenden Aussagen an.

Selbstkontrolle: Du solltest zweimal „Nein" ankreuzen.

1) Eine Approximation der Binomialverteilung durch die Normalverteilung ist ausreichend gut. ☐ Ja ☐ Nein

2) Der Erwartungswert von X beträgt 45. ☐ Ja ☐ Nein

3) Die Wahrscheinlichkeit, dass höchstens die Hälfte der Motorräder zu schnell fuhren, beträgt ungefähr 88 %. ☐ Ja ☐ Nein

4) Die Standardabweichung von X ist größer als 5. ☐ Ja ☐ Nein

WS-R 3.4   **M**   **136.** Eine Binomialverteilung mit den Parametern n und p kann unter bestimmten Voraussetzungen durch eine Normalverteilung mit den Parametern μ und σ approximiert werden.
Kreuze in diesem Zusammenhang die zutreffende(n) Aussage(n) an.

A	Die Binomialverteilung ist eine stetige, die Normalverteilung eine diskrete Verteilung.	☐
B	Die Approximation ist nur ausreichend gut, wenn $\sqrt{n \cdot p \cdot (1-p)} < 3$.	☐
C	$\sigma = \sqrt{n \cdot p \cdot (1-p)}$	☐
D	In der Praxis gilt die Approximation als ausreichend gut, wenn folgende Bedingung erfüllt ist: $n \cdot p \cdot (1-p) \geq 9$ oder $\sigma = \sqrt{n \cdot p \cdot (1-p)} \geq 3$.	☐
E	Die Approximation ist nur ausreichend gut, wenn $n \cdot p \cdot (1-p) > 3$.	☐

Vernetzung – Typ-2-Aufgaben

Typ 2   **M**   **137.** Eine Maschine der Firma Tolly erzeugt Filzstifte, von denen erfahrungsgemäß 10 % defekt sind. Die Firma verwendet die Normalverteilung zur Qualitätssicherung, indem für eine zufällig entnommene Stichprobe von 500 Stück die Anzahl der defekten Stifte als Zufallsvariable X betrachtet wird.

a) Für die Beurteilung der Produktionsqualität wird ein bestimmter Wert t festgelegt, für den $P(X \leq t) = 0{,}95$ gelten soll, d.h. die Wahrscheinlichkeit, dass die Anzahl an defekten Stiften in der Stichprobe kleiner als t ist, soll 95 % sein.
Bestimme den Wert t für die angegebene Stichprobe.

b) Bei Qualitätssicherungen wird in anderen Fällen auch mit symmetrischen Intervallen um den Erwartungswert μ gearbeitet. Der Abstand ε vom Erwartungswert μ wird dabei oft in Vielfachen der Standardabweichung σ angegeben, also $\varepsilon = k \cdot \sigma$, wobei $k \in \mathbb{N}$. Man sucht nun ein Intervall $[\mu - \varepsilon; \mu + \varepsilon]$, sodass beispielsweise $P(\mu - \varepsilon \leq \mu \leq \mu + \varepsilon) = 0{,}95$ ist.
Zeige mit Hilfe der Standardisierungsformel, dass $\Phi(k) - \Phi(-k) = 0{,}95$, wobei Φ die Verteilungsfunktion der Standardnormalverteilung ist.

c) Falls die Standardabweichung σ der binomialverteilten Zufallsvariablen verhältnismäßig klein ist, so kann die Näherung der Binomialverteilung durch die Normalverteilung mit Hilfe einer Maßnahme verbessert werden, die man „Stetigkeitskorrektur" nennt. Will man beispielsweise die Wahrscheinlichkeit berechnen, dass die binomialverteilte Zufallsvariable X im Intervall $[x_1; x_3]$ liegt, so verwendet man bei einer Näherung mit der Normalverteilung das Intervall $[x_1 - 0{,}5; x_3 + 0{,}5]$. Man zählt

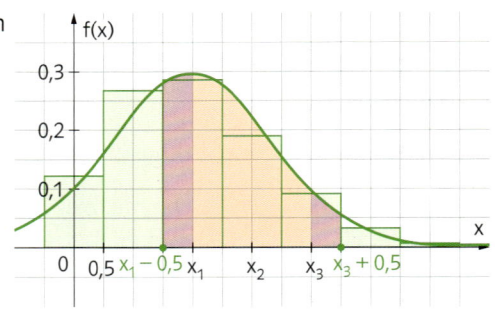

also zur oberen Intervallgrenze 0,5 dazu und zieht von der unteren 0,5 ab.
In der obigen Abbildung sind die verschiedenen Wahrscheinlichkeiten, die sich aufgrund der Binomialverteilung sowie der Normalverteilung ergeben, als Flächeninhalte unter den jeweiligen Dichtefunktionen dargestellt.
Erkläre mit Hilfe der Abbildung, warum sich die Näherung der Binomialverteilung durch die Normalverteilung mit der Stetigkeitskorrektur verbessert.
Ermittle die Wahrscheinlichkeit, dass sich in der oben genannten Stichprobe zwischen 48 und 56 defekte Stifte befinden. Verwende die Stetigkeitskorrektur.

7 Schließende und beurteilende Statistik

7.1 Schließende Statistik

Schätzbereiche für die relative Häufigkeit h in einer Stichprobe ermitteln

138. Der Anteil der Brillenträger in einer Bevölkerungsgruppe beträgt 28 %. Ermittle einen Schätzbereich für den Anteil der Brillenträger in den Stichproben n_1 bis n_4 mit 95 % Sicherheit. Kreuze die Buchstaben neben den zutreffenden Lösungen an und du erhältst ein Lösungswort.

Lösungswort: _____

1) $n_1 = 200$	B ☐ [0,20; 0,23]	H ☐ [0,22; 0,34]	T ☐ [0,21; 0,36]
2) $n_2 = 800$	A ☐ [0,23; 0,30]	E ☐ [0,20; 0,29]	O ☐ [0,25; 0,31]
3) $n_3 = 500$	M ☐ [0,24; 0,32]	S ☐ [0,25; 0,33]	N ☐ [0,19; 0,30]
4) $n_4 = 1000$	D ☐ [0,24; 0,30]	R ☐ [0,26; 0,38]	E ☐ [0,25; 0,31]

Berechnung des Konfidenzintervalls

WS-R 4.1 **M** **139.** Bei einer Stichprobe von $n = 500$ Österreicherinnen und Österreichern gaben 210 Personen an, dass sie Hunde vor Katzen präferieren.
Gib ein 95 %-Konfidenzintervall für den relativen Anteil der Personen in Österreich an, welche Hunde bevorzugen.

WS-R 4.1 **M** **140.** Um die Schlafgewohnheiten von Personen über 65 Jahren zu untersuchen wurden 800 Menschen in Klagenfurt zufällig ausgewählt und befragt. Dabei gaben 630 der befragten Personen an, nachts nicht mehr als sieben Stunden zu schlafen. Ermittle aufgrund des in der Befragung erhobenen Stichprobenergebnisses ein 99 %-Konfidenzintervall für den Anteil der älteren Frauen und Männer in Klagenfurt, welche weniger als fünf Stunden pro Nacht schlafen.

141. Ordne den Sachverhalten die dazugehörigen 95 %-Konfidenzintervalle zu. Trage dazu die Buchstaben in die Tabelle ein und du erhältst ein Lösungswort.

Lösungswort: _____

Bei einer Umfrage von 1000 Personen zeigten 345 Personen eine Präferenz für die Partei N.	C
Bei einer Befragung von 500 Personen gaben 177 Personen an, ein Haustier zu besitzen.	S
Von 1500 befragten Personen zeigten 300 eine Präferenz für die Ganztagsschule.	L
Bei einer Befragung von 500 Personen gaben 450 Personen an, Kinder zu haben.	E
Von 2000 befragten Personen gaben 682 an, mehr als einmal im Jahr zu verreisen.	H
Bei einer Umfrage von 1000 Personen zeigten 25 % der Personen eine Präferenz für die Partei C.	A

[17,97 %; 22,02 %]	[22,31 %; 27,69 %]	[31,55 %; 37,45 %]	[32,02 %; 36,18 %]	[31,21 %; 39,59 %]	[87,37 %; 92,63 %]

142. Bei einer Befragung in Kärnten sollen 1000 Personen angeben, ob sie eine Präferenz für ein Leben in der Stadt im Gegensatz zum Landleben haben. 460 Personen geben an, lieber in der Stadt zu wohnen. Kreuze das 95 %-Konfidenzintervall für den relativen Anteil der Personen in Kärnten mit einer Präferenz für das Stadtleben an.

[0,44; 0,48] ☐	[0,42; 0,50] ☐	[0,42; 0,46] ☐	[0,43; 0,49] ☐	[0,43; 0,48] ☐

Konfidenzintervall – der Einfluss der Parameter

WS-R 4.1   **M**   **143.** Von einer Stichprobe sind jeweils der Stichprobenumfang n, die relative Häufigkeit h eines Merkmals und das Konfidenzniveau γ (Sicherheitsniveau) gegeben. Ordne jeder Stichprobe das passende Konfidenzintervall zu.

1	n = 800 h = 0,4 γ = 0,95	A 0,26 0,28 0,3 0,32 0,34 0,36 0,38 0,4 0,42 0,44 0,46 0,48
2	n = 200 h = 0,4 γ = 0,95	B 0,26 0,28 0,3 0,32 0,34 0,36 0,38 0,4 0,42 0,44 0,46 0,48
3	n = 100 h = 0,4 γ = 0,95	C 0,26 0,28 0,3 0,32 0,34 0,36 0,38 0,4 0,42 0,44 0,46 0,48
4	n = 1000 h = 0,4 γ = 0,95	D 0,26 0,28 0,3 0,32 0,34 0,36 0,38 0,4 0,42 0,44 0,46 0,48
		E 0,26 0,28 0,3 0,32 0,34 0,36 0,38 0,4 0,42 0,44 0,46 0,48
		F 0,28 0,3 0,32 0,34 0,36 0,38 0,4 0,42 0,44 0,46 0,48 0,5

WS-R 4.1 **M** **144.** Bei einer Umfrage in Wien werden 500 Personen befragt, ob sie eine Vorliebe für Fernreisen haben. Als Ergebnis der Befragung wird das 95%-Konfidenzintervall [0,15; 0,2] ermittelt.
Kreuze an, welche der Aussagen aufgrund dieses Ergebnisses getätigt werden können.

A	Ungefähr 100 Personen haben angegeben, gerne Fernreisen zu unternehmen.	☐
B	Der Anteil der Personen in Wien, die gerne Fernreisen unternehmen, liegt zwischen 15% und 20%.	☐
C	Das Konfidenzintervall wäre schmäler, wenn der Anteil der Personen, die Fernreisen lieben, in der Umfrage kleiner gewesen wäre.	☐
D	Das entsprechende 99%-Konfidenzintervall ist breiter als das 95%-Konfidenzintervall.	☐
E	Hätte man 20 000 Personen befragt und wäre der relative Anteil gleich geblieben, wäre das 95%-Konfidenzintervall schmäler geworden.	☐

Die Sicherheit eines gegebenen Konfidenzintervalls berechnen

WS-R 4.1 **M** **145.** Vor jeder Wahl werden Umfragen durchgeführt. Bei einer Befragung von 2 000 zufällig ausgewählten wahlberechtigten Österreicherinnen und Österreichern geben 14% an, dass sie bei der nächsten Wahl nicht wählen werden. Aufgrund dieses Ergebnisses schreibt eine Tageszeitung, dass für die Parteien 12% bis 16% der Stimmen verloren sind.
Gib an, mit welcher Sicherheit die Zeitung ihre Behauptung aufstellen kann.

146. Bei einer Befragung von 1 000 Personen wurde das Konfidenzintervall [p_1; p_2] ermittelt. Ordne die Konfidenzintervalle den dazu passenden Sicherheiten zu.

1	Sicherheit: 50%		A	[0,43; 0,51]
2	Sicherheit: 95%		B	[0,34; 0,40]
3	Sicherheit: 93%		C	[0,55; 0,72]
4	Sicherheit: 99%		D	[0,12; 0,16]
			E	[0,33; 0,35]
			F	[0,28; 0,49]

WS-R 4.1 **M** **147.** Vor einer Wahl geben die Meinungsforscherinstitute A und B Konfidenzintervalle für die Präferenz der Gesamtbevölkerung, die Partei „Jetzt anders" zu wählen, an. Nachdem 2 000 zufällig ausgewählte wahlberechtigte Personen befragt worden waren, weiß man, dass 40% der Befragten diese Partei wählen würden. Das Institut A gibt das Konfidenzintervall [0,38; 0,42] und das Institut B das Konfidenzintervall [0,39; 0,41] an.
Ermittle, welches Meinungsforschungsinstitut ihre Behauptung mit einer größeren Sicherheit aufstellen kann und begründe das.

Den Stichprobenumfang für ein Konfidenzintervall ermitteln

WS-R 4.1   **M**   **148.** Ein Reisebüro will mit Hilfe einer Befragung von Maturantinnen und Maturanten herausfinden, ob diese Interesse an einem neuen Angebot für Maturareisen hätten. Berechne, wie viele Personen man mindestens interviewen sollte, um ein 0,99-Konfidenzintervall mit einer Länge von mindestens 0,04 zu bekommen.
(Das Reisebüro kann vorab keine Annahme über das Schülerinteresse an diesem Angebot treffen.)

WS-R 4.1   **M**   **149.** Ein neues Joghurt soll eingeführt werden. Der Werbeslogan soll im Vorfeld an einer Personengruppe getestet werden, um herauszufinden, ob er die Zielgruppe motiviert, dieses Joghurt zu kaufen. Ermittle, wie viele Personen man dafür benötigt, wenn man ein 0,95-Konfidenzintervall mit der Breite von 2 % bestimmen will.

$n =$ _____

7.2   Beurteilende Statistik

Einseitiger Hypothesentest

150. Ordne die Fachbegriffe, den Symbolen, Abkürzungen, Erklärungen und Rechenausdrücken zu. Verbinde die zusammenpassenden Felder mit Linien.

H_1	A		1	H_0
maximale Irrtumswahrscheinlichkeit	B		2	α
Wertebereich der Zufallsvariablen X, bei deren Eintreten in der Stichprobe H_1 angenommen wird	C		3	rechtsseitiger Test
			4	Annahmebereich für H_1
Nullhypothese	D		5	$\gamma = 1 - \alpha$
H_1: p > 0,2	E		6	Alternativhypothese
Signifikanzniveau des Tests	F		7	linksseitiger Test
H_1: p < 0,99	G			

151. Die Hersteller des Waschmittels XY behaupten, dass man mit ihrem Waschmittel 90 % aller Flecken beseitigen kann. Bei einem Test in einem unabhängigen Institut konnten 173 von 200 Flecken entfernt werden.
Stelle H_0, H_1 und α auf. Ermittle außerdem, ob die Behauptung des Herstellers dieses Waschmittels mit der maximalen Irrtumswahrscheinlichkeit 0,05 verworfen werden kann.

H_0: _____ H_1: _____

$\alpha =$ _____

---

152. Eine Schlagzeile einer Zeitung lautet: „Jeder vierte Schüler schafft den Führerschein beim ersten Mal nicht." Die Fahrschule „Yellow" hält diese Schlagzeile für übertrieben und recherchiert selbst. Sie stellt anhand der Daten der letzten Jahre fest, dass von 2 500 Fahrschülern 580 ein zweites Mal antreten mussten. Ermittle, ob die Behauptung der Zeitung mit $\alpha = 0,05$ verworfen werden kann.

Zweiseitiger Hypothesentest

153. Viele Menschen sind gegen Katzen allergisch. Bei 43 % dieser Personen wirkt das Medikament „Nasi", indem es die Nasenschleimhäute abschwellen lässt. Nach einer Erneuerung einiger Inhaltsstoffe soll das Medikament unter dem Namen „Nasi 2.0" neu eingeführt werden. Davor soll allerdings getestet werden, ob sich die Wirksamkeit des Medikaments verändert hat. Bei einer Untersuchungsreihe wird das Mittel an 1050 Personen mit Katzenallergie getestet. Dabei wird festgestellt, dass 422 Patienten von einer Verbesserung der Symptome berichten. Ermittle, ob man die Hypothese, dass sich die Wirksamkeit des Medikaments verändert hat, mit einer Irrtumswahrscheinlichkeit von 0,01 annehmen kann.

Vernetzung – Typ-2-Aufgaben

Typ 2 **M 154.** Ein Zeitungsverlag plant, eine Zeitschrift für politisch interessierte Jugendliche eines Bundeslandes herauszugeben. Um die Chancen abschätzen zu können, wird eine Befragung unter 700 Jugendlichen durchgeführt. In dieser Befragung behaupten 205 Jugendliche, politisch interessiert zu sein. Die Verlagsleitung erwartet einen wirtschaftlichen Erfolg dieser Zeitschrift, wenn es mindestens 25 % politisch interessierte Jugendliche in diesem Bundesland gibt..

a) Bestimme einen Bereich, in dem laut dieser Umfrage der Anteil der politisch interessierten Jugendlichen mit 99 % Sicherheit liegt.

b) Wie viele Leute sollte man mindestens befragen, wenn man ein 0,99-Konfidenzintervall von höchstens 5 % Breite haben will?

c) Erläutere die Zusammenhänge, die zwischen Stichprobenumfang, Sicherheitswahrscheinlichkeit und Breite des Konfidenzintervalls bestehen.

d) Zeige, dass bei gleichbleibendem Stichprobenumfang und gleichbleibender Sicherheit das Konfidenzintervall am größten ist, wenn der relative Anteil des untersuchten Merkmals in der Stichprobe 50 % beträgt.

e) 1000 Erwachsene wurden ebenfalls gefragt, ob sie politisch interessiert sind. Als Ergebnis erhielt man das 95 %-Konfidenzintervall [40 %; 48 %]. Kreuze aufgrund dieses Ergebnisses die zutreffenden Aussagen an.

A	Das Konfidenzintervall wäre auf einem 0,90-Vertrauensniveau schmäler gewesen.	☐
B	Hätte man weniger Erwachsene befragt, wäre das Konfidenzintervall schmäler gewesen.	☐
C	Hätten bei der Umfrage weniger Erwachsene angegeben, dass sie politisch interessiert sind, wäre das Konfidenzintervall schmäler geworden.	☐
D	Hätten bei der Umfrage 50 % der Erwachsenen angegeben, dass sie politisch interessiert sind, wäre das Konfidenzintervall breiter geworden.	☐
E	400 Erwachsene haben bei der Umfrage angegeben, dass sie politisch interessiert sind.	☐

AN-R 4.2 **M** **155.** Vervollständige den Satz so, dass er mathematisch korrekt ist.

Eine Stammfunktion von f mit _____(1)_____ ist F mit _____(2)_____.

(1)		(2)	
$f(x) = \frac{2x^2 + 7x - 1}{4}$	☐	$F(x) = \frac{1}{24} \cdot (4x^3 + 23x^2 - 6x)$	☐
$f(x) = 0,5x^2 + 7x - 1$	☐	$F(x) = \frac{1}{24} \cdot (2x^3 - 3x^2 + 42x)$	☐
$f(x) = \frac{1}{4} \cdot (x^2 - x + 7)$	☐	$F(x) = \frac{x^3}{6} + 3,5x^2 - 2x$	☐

← – – – – – – – –
Ich kann Stamm-funktionen von Funktionen ermitteln.

156. Laut dem Istituto Nazionale Espresso Italiano (Nationales Institut für italienischen Espresso) soll ein Espresso beim Servieren 92°C haben. In einem Café in Rom hält man sich daran. Dort hat es an einem Frühlingstag 17°C. Die momentane Temperaturänderung des Espressos pro Minute lässt sich durch die Funktion f mit $f(t) = -30 \cdot e^{-0,4t}$ beschreiben.
Ermittle jene Funktion T(t), die die Temperatur des Kaffees zum Zeitpunkt t angibt.

← – – – – – – – –
Ich kann eine spezielle Stammfunktion auffinden.

AN-R 3.2 **M** **157.** Gegeben ist der Graph der Funktion f. Skizziere den Graphen einer Stammfunktion von f.

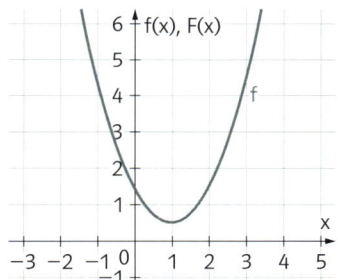

← – – – – – – – –
Ich kann Stamm-funktionen graphisch ermitteln.

AN-R 4.1 **M** **158.** Der Graph der in der Abbildung dargestellten Funktion f schließt mit der x-Achse im 1. Quadranten ein Flächenstück ein. Gib eine Formel an, mit welcher man die dargestellte Untersumme von f im Intervall [0; a] ermitteln kann.

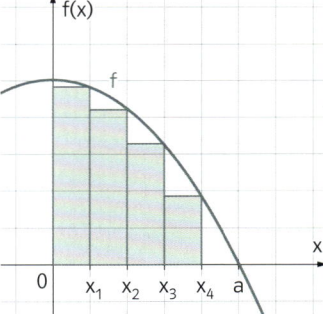

← – – – – – – – –
Ich kann Untersummen ermitteln.

159. Sei f eine auf [a; b] stetige Funktion.
Kreuze die korrekte(n) Deutung(en) des Begriffs „bestimmtes Integral
von f" an.

A	Jene Zahl, die zwischen allen Untersummen und allen Obersummen von f in [a; b] liegt	☐
B	Die Differenz aller Ober- und Untersummen von f in [a; b]	☐
C	Der Flächeninhalt, den die Funktion f mit der x-Achse einschließt	☐
D	Der Grenzwert der Obersummen O_n von f in [a; b] für n → ∞	☐
E	Der Grenzwert einer Summe von Produkten	☐

Ich kann das bestimmte Integral deuten.

160. Der Inhalt der Fläche, die vom Graphen der Funktion f mit
$f(x) = -x^2 + 6x + 9$ und der x-Achse im Intervall [2; b] eingeschlossen wird,
beträgt 51.
Ermittle b.

b = _____

Ich kann das bestimmte Integral mit Hilfe von Stammfunktionen sinnvoll anwenden.

AN-R 4.3 **M** **161.** Gegeben sind die Graphen zweier Funktionen f und g. Kreuze jene(s)
Integral(e) an, mit dem (denen) man den von beiden Funktionsgraphen
eingeschlossenen Flächeninhalt ermitteln kann.

A	$A = \int_a^c (f(x) - g(x))\,dx$	☐
B	$A = 2 \cdot \int_a^c g(x)\,dx$	☐
C	$A = -2 \cdot \int_a^0 (f(x) - g(x))\,dx$	☐
D	$A = 4 \cdot \int_0^c f(x)\,dx$	☐
E	$A = \int_a^c f(x)\,dx - \int_c^a g(x)\,dx$	☐

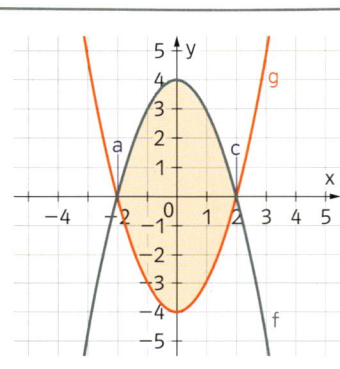

Ich kann den Flächeninhalt zwischen zwei Funktionsgraphen ermitteln.

162. Gegeben ist ein Fass, das entsteht, wenn sich der Graph einer Funktion p
der Form $p(x) = ax^2 + bx + c$ um die x-Achse dreht. Das Fass ist 8 dm hoch,
sein Durchmesser beträgt in der Mitte 8 dm und am Rand 6 dm. Die
Zeichnung zeigt das liegende Fass.

a) Ermittle die Funktionsgleichung
der Funktion p, indem du die Mitte des
Fasses in den Ursprung eines Koordinatensystems legst (siehe Abbildung).

p(x) = _____

b) Ermittle das Volumen des Fasses in Liter.

V = _____

Ich kann mit Hilfe der Integralrechnung das Volumen von Drehkörpern berechnen.

163. In der Abbildung sieht man den Graphen der Geschwindigkeitsfunktion v eines Langstreckenläufers (v in km/h) in Abhängigkeit von der Zeit t (t in Stunden).

a) Berechne das Integral $\int_{0}^{10} v(t)\,dt$ und interpretiere das Ergebnis im Kontext.

b) Ermittle die Beschleunigung des Läufers im Intervall [6; 10].

Ich kann die Integralrechnung bei Bewegungsabläufen anwenden.

AN-R 4.3 **M** **164.** Um eine Stahlfeder x cm zu dehnen, benötigt man die Kraft F(x).

Interpretiere den Ausdruck $\int_{2}^{4,5} F(x)\,dx$.

_____

Ich kann die Integralrechnung bei naturwissenschaftlichen Fragestellungen anwenden.

AN-R 4.3 **M** **165.** h(t) bezeichnet die Höhenänderung einer Pflanze in Zentimeter nach t Tagen. In der Abbildung sieht man den Graphen der Funktion h' mit $h'(t) = (4t)^{0,5}$, welcher die momentane Änderungsrate der Höhe der Pflanze beschreibt. Ermittle die Höhenänderung der Pflanze nach sieben Tagen und veranschauliche den Wert in der Abbildung.

Ich kann die Integralrechnung bei naturwissenschaftlichen Fragestellungen anwenden.

Höhenänderung der Pflanze: _____

AN-R 4.3 **M** **166.** Vervollständige den Satz so, dass er mathematisch korrekt ist.

Gegeben ist die Grenzkostenfunktion K' eines Betriebes.

Der Wert des Integrals _____(1)_____ gibt _____(2)_____ des Betriebes an, wenn die Produktion von 50 ME auf 100 ME erhöht wird.

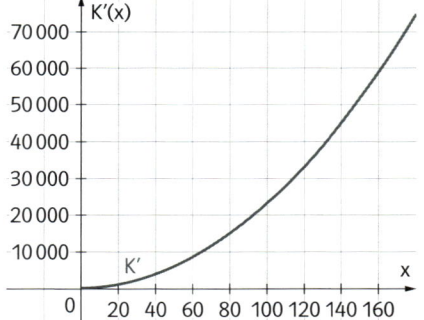

Ich kann die Integralrechnung im Bereich Wirtschaft anwenden.

(1)		(2)	
$\int_{50}^{100} K'(x)\,dx$	☐	die Grenzkosten	☐
$\int_{50}^{100} K(x)\,dx$	☐	die Gesamtkosten	☐
$\int_{50}^{100} K''(x)\,dx$	☐	die Änderung der Gesamtkosten	☐

AN-R 4.3 **M** **167.** In einer Firma werden Babywippen erzeugt. Die Fixkosten betragen 9 000 GE wöchentlich, die Grenzkostenfunktion lautet $K'(x) = 0{,}003\,x^2 - 2\,x + 340$. Gib die Gleichung der Kostenfunktion an.

Ich kann die Integralrechnung im Bereich Wirtschaft anwenden.

168. a) Die Höhe y (in Zentimeter) einer Kerze reduziert sich nach dem Anzünden pro Stunde um 12 %. Stelle eine Differenzengleichung auf, die die Entwicklung der Höhe y_n nach n Stunden beschreibt.

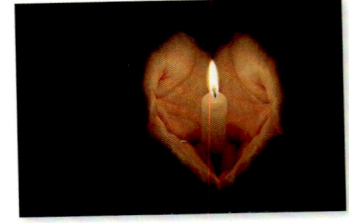

$y_0 = 15$ $y_{n+1} - y_n = \underline{\hspace{3cm}}$

b) Ermittle die Höhe der Kerze nach 4 Stunden.

$y_4 = \underline{\hspace{3cm}}$

Ich kann Differenzengleichungen aufstellen und mit ihnen arbeiten.

AN-R 1.4 **M** **169.** Gegeben ist eine Tabelle mit Werten einer Größe zum Zeitpunkt n ($n \in \mathbb{N}$). Die zeitliche Entwicklung dieser Größe lässt sich durch eine Differenzengleichung der Form $y_{n+1} = s \cdot y_n + t$ beschreiben. Bestimme die Parameter ($s, t \in \mathbb{R}$) so, dass die Werte in der Tabelle diesem zeitlichen Verhalten entsprechen!

Ich kann Parameter in Differenzengleichungen bestimmen.

n	0	1	2	3	4
y_n	7	10	13	16	19

$s = \underline{\hspace{2cm}}$ $t = \underline{\hspace{2cm}}$

170. Ermittle die Funktion, die die Differentialgleichung $y'(t) = 4 \cdot y(t)$ mit der Anfangsbedingung $y(0) = -3$ erfüllt!

Ich kann Differentialgleichungen lösen.

171. Gegeben ist ein Wirkungsdiagramm zum Thema „Handyverbot in Schulen". Gib die Art der Rückkopplung in jedem Kreis an.

Ich kann die Art der Rückkopplung in Wirkungsdiagrammen bestimmen.

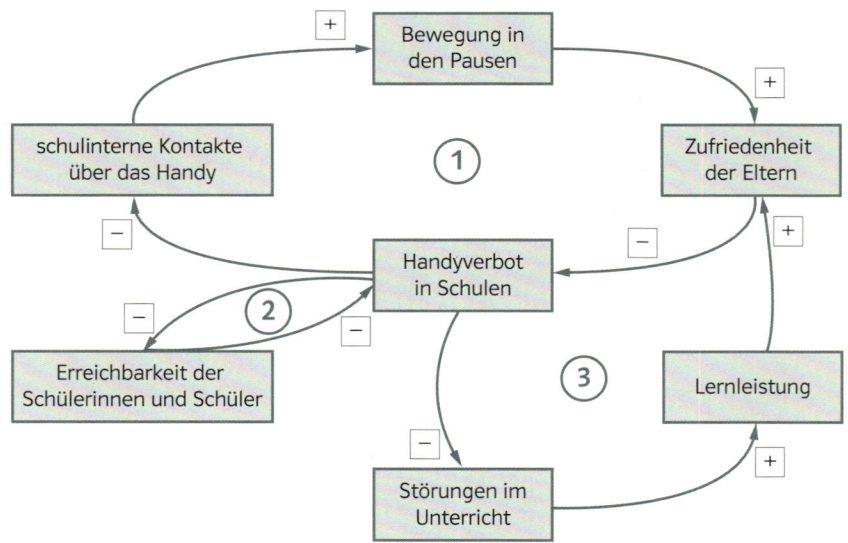

172. Gib an, ob der folgende Sachverhalt eine diskrete oder eine stetige
Zufallsvariable beschreibt und begründe deine Aussage.

a) Anzahl der Personen in einer Straßenbahn

_____

b) Menge Öl in einer 1-Liter-Flasche

_____

Ich kenne den Unterschied zwischen einer stetigen und einer diskreten Zufallsvariablen.

173. Kreuze die Funktionsgraphen an, die Graphen einer Dichtefunktion einer
Zufallsvariablen X sein könnten.

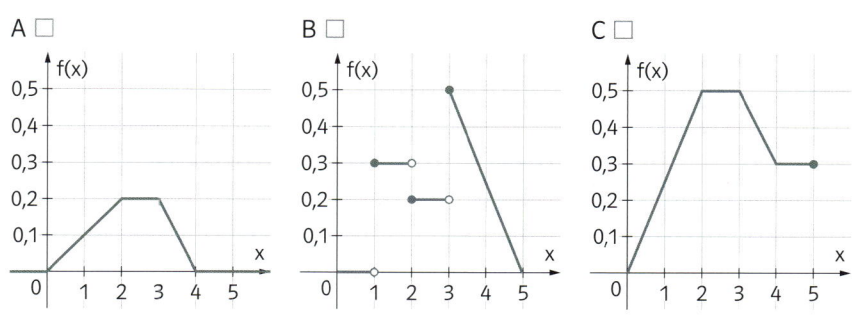

Ich kann eine Dichtefunktion erkennen.

174. Die Zufallsvariable X besitzt die Dichtefunktion f mit $f(x) = \begin{cases} 0; & x < 0 \\ 0{,}2\,x; & 0 \leq x \leq 3 \\ 0{,}1; & 3 < x \leq 4 \\ 0; & x > 4 \end{cases}$.

a) Bestimme den Erwartungswert von X. $\qquad \mu = $ _____

b) Bestimme die Standardabweichung von X. $\qquad \sigma = $ _____

Ich kann den Erwartungswert und die Standardabweichung einer stetigen Zufallsvariablen ermitteln.

175. Die Lebensdauer (in Stunden) einer externen Festplatte ist normalverteilt
mit N(22 500; 900). Ermittle die Wahrscheinlichkeit, dass eine Festplatte
eine Lebensdauer zwischen 21 000 und 27 000 Stunden besitzt und kennzeichne den Wert unter der Gauß'schen Glockenkurve.

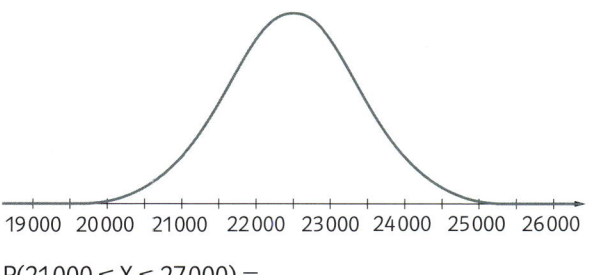

P(21 000 ≤ X ≤ 27 000) = _____

Ich kann die Normalverteilung in anwendungsorientierten Bereichen verwenden.

176. Einer Veröffentlichung der Statistik Austria kann man entnehmen, dass
61,9 % der Österreicherinnen und Österreicher zwischen 20 und 64 Jahre
alt sind (Stand 2015). Es werden 500 Österreicherinnen bzw. Österreicher
zufällig ausgewählt. Gib für die Anzahl der Personen zwischen 20 und
64 Jahren aus der Stichprobe näherungsweise ein um den Erwartungswert
symmetrisches 95 %-Intervall an.

_____

Ich kann die Approximation der Binomialverteilung durch die Normalverteilung anwenden.

WS-R 4.1 **M** **177.** Bei einer Umfrage im Bezirk Baden werden 500 Personen befragt, ob sie Brillenträger sind. Als Ergebnis der Befragung wird das 95%-Konfidenzintervall [0,28; 0,34] für den Anteil der Brillenträger in der „Badner Zeitung" bekanntgegeben.
Kreuze an, welche der Aussagen aufgrund dieses Ergebnisses getätigt werden können.

A	Ungefähr 155 Personen haben angegeben, Brillenträger zu sein.	☐
B	Der Anteil der Brillenträger im gesamten Bezirk Baden liegt zwischen 28% und 34%.	☐
C	Das Konfidenzintervall wäre schmäler, wenn der Anteil der Brillenträger in der Umfrage kleiner gewesen wäre.	☐
D	Das entsprechende 99%-Konfidenzintervall ist breiter als das 95%-Konfidenzintervall.	☐
E	Hätte man 10 000 Personen befragt, wäre das 95%-Konfidenzintervall breiter geworden.	☐

> Ich kann Konfidenzintervalle interpretieren.

178. Vor einer Schulsprecherwahl wird der relative Anteil p der wahlberechtigten Schülerinnen und Schüler, die Sonja N. wählen wollen, geschätzt. Eine Stichprobe von 300 Schülerinnen und Schülern ergibt, dass 55% der Befragten Sonja N. wählen wollen. Daraufhin gibt die Schülerzeitung „News" das Konfidenzintervall [0,53; 0,57] und die Schülerzeitung „Now" das Konfidenzintervall [0,54; 0,56] für p an. Ermittle, mit welcher Sicherheit jede der beiden Schülerzeitungen ihre Behauptung aufstellen kann.

> Ich kann die Sicherheit von Konfidenzintervallen ermitteln.

179. Bei einem einseitigen Hypothesentest wird die Alternativhypothese angenommen. Erläutere, was dies bedeutet.

> Ich kann die Ergebnisse von Hypothesentests interpretieren.

180. Die Anrainer einer Parkanlage behaupten, dass sich ein Drittel aller Hundebesitzer nicht an das Verbot für Hunde auf Kinderspielplätzen hält, wenn sie mit ihren Hunden im Park unterwegs sind. Die Stadtgemeinde hält die Behauptung für übertrieben, setzt aber zur Kontrolle Parkwächter ein.

Dabei wird festgestellt, dass von insgesamt 67 im Park beobachteten Hunden 19 am Spielplatz waren. Damit haben allerdings weniger als ein Drittel der Hundebesitzer gegen das Verbot verstoßen. Gib an, ob die Stadtgemeinde die Behauptung der Anrainer mit der maximalen Irrtumswahrscheinlichkeit 0,05 verwerfen kann und begründe deine Entscheidung!

> Ich kann einen einseitigen Hypothesentest durchführen.

Probematura 1

Teil 1

M

1. Zahlenmengen

Die Menge $\mathbb{Q}$ beinhaltet alle rationalen Zahlen. Zahlen, welche nicht in dieser Zahlenmenge, aber in der Menge $\mathbb{R}$ liegen, nennt man irrationale Zahlen.

Aufgabenstellung:

Kreuzen Sie die zutreffende(n) Aussagen(n) an!

A	Addiert man eine Zahl aus $\mathbb{Q}$ und eine Zahl aus $\mathbb{R} \setminus \mathbb{Q}$ erhält man eine rationale Zahl.	☐
B	Das Produkt zweier irrationaler Zahlen ergibt immer eine irrationale Zahl.	☐
C	Seien q und r zwei rationale Zahlen mit q < r. Dann gilt $q < \frac{q+r}{2} < r$.	☐
D	Jede reelle Zahl ist entweder rational oder irrational.	☐
E	Die Summe zweier rationaler Zahlen liegt immer in $\mathbb{Q}$.	☐

M

2. Stückpreise

Ein Tierfuttererzeuger verkauft Knabberstangen (Ochsenziemer) für Hunde in Kleinpackungen zu k Stück in Supermärkten bzw. in Großpackungen zu g Stück in Tierhandlungen. Der Preis einer kleinen Packung beträgt s Euro, der einer großen Packung b Euro.

Aufgabenstellung:

Ordnen Sie jedem Ausdruck eine passende Aussage zu!

1	$3k = g$		A	Drei Kleinpackungen kosten so viel wie eine Großpackung.
2	$s = \frac{b}{3}$		B	Die Stückzahl in drei Kleinpackungen entspricht der Stückzahl in einer Großpackung.
3	$k = g - 3$		C	In einer Kleinpackung sind um drei Stück mehr als in einer Großpackung.
4	$b = s + 3$		D	Eine Großpackung kostet um drei Euro mehr als eine Kleinpackung.
			E	Das Produkt der Stückzahlen einer Klein- und einer Großpackung beträgt 3.
			F	In einer Kleinpackung sind um drei Stück weniger als in einer Großpackung.

3. Geometrische Körper

Gegeben ist ein Drehkegel mit dem Radius c und der Höhe a. Zur Berechnung des Volumens dieses Körpers kann man die Formel $V = \frac{c^2 \cdot \pi \cdot a}{3}$ verwenden.

Aufgabenstellung:

Vervollständigen Sie den Satz so, dass er mathematisch korrekt ist!

Halbiert man die Höhe des Kegels, so _____(1)_____ sich das Volumen, verdoppelt man den Radius und die Höhe, so _____(2)_____ es sich.

(1)		(2)	
halbiert	☐	vervierfacht	☐
verdoppelt	☐	verdoppelt	☐
verachtfacht	☐	verachtfacht	☐

4. Gleichungssystem

Gegeben ist ein lineares Gleichungssystem in zwei Variablen.

Aufgabenstellung:

Bestimmen Sie jene Werte für die Parameter p und q so, dass das Gleichungssystem unendlich viele Lösungen besitzt!

I: $5x + y = 6$ \qquad II: $q + 37{,}5x = -py$ \qquad p = _____ \qquad q = _____

5. Produktionszahlen

In einem Betrieb werden die Gesamtkosten (in Geldeinheiten GE) bei der Produktion von x Mengeneinheiten (ME) für einen Schreibartikel durch die Kostenfunktion K mit $K(x) = 0{,}04x^2 + 25x + 175\,500$ modelliert.

Aufgabenstellung:

Ermitteln Sie rechnerisch, bei wie vielen Mengeneinheiten (ME) die Gesamtkosten 303 000 GE betragen!

_____ ME

6. Eigenschaften eines Parallelogramms

In der Abbildung sieht man ein Parallelogramm, welches weder ein Rechteck noch eine Raute ist. Die Vektoren $\vec{a}$, $\vec{b}$, $\vec{c}$ und $\vec{d}$ sind eingezeichnet.

Aufgabenstellung:

Kreuzen Sie die zutreffende(n) Aussage(n) an!

A	$\vec{a} \cdot \vec{b} \neq 0$	☐
B	$\vec{a} + \vec{c} = \vec{b} + \vec{d}$	☐
C	$(\vec{a} + \vec{b}) \cdot (\vec{a} - \vec{d}) = 0$	☐
D	$\vec{a} + \vec{b} + \vec{c} + \vec{d} = \vec{0}$	☐
E	$(\vec{a} + \vec{b}) = -(\vec{d} + \vec{c})$	☐

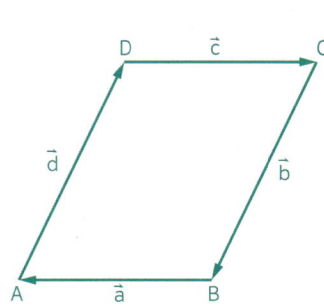

7. Lagebeziehungen von Geraden im Raum

Gegeben sind die Geraden g: $X = G + s \cdot \vec{g}$ und h: $X = H + t \cdot \vec{h}$ in $\mathbb{R}^3$, wobei G und H Punkte, $\vec{g}$ und $\vec{h}$ Richtungsvektoren und s, $t \in \mathbb{R}$ sind.

Aufgabenstellung:

Ergänzen Sie die Textlücken im folgenden Satz durch Ankreuzen der jeweils richtigen Satzteile so, dass eine mathematisch korrekte Aussage entsteht!

Wenn die zwei Geraden g und h _____ (1) _____ sind, dann folgt _____ (2) _____ .

(1)		(2)	
identisch	☐	$\vec{h} = c \cdot \vec{g}$ mit $c \in \mathbb{R}\setminus\{0\}$ und $G \notin h$	☐
windschief	☐	$\vec{h} \parallel \vec{g}$ und $G = c \cdot H$	☐
parallel zueinander	☐	$\vec{h} \cdot \vec{g} = 0$ und $G \in h$	☐

8. Größe eines erhabenen Winkels

In der untenstehenden Abbildung ist der Punkt $A = (2 \mid -1)$ dargestellt. Die Lage dieses Punktes kann man durch die Strecke $r = \overline{0A}$ und die Größe des Winkels α eindeutig festlegen.

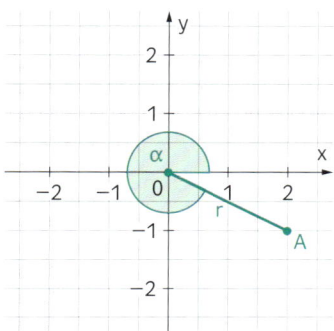

Aufgabenstellung:

Ermitteln Sie rechnerisch die Größe des Winkels α!

$\alpha = $ _____

9. Auspumpen eines Aquariums

Ein Aquarium fasst 21 Liter Wasser. Einmal pro Monat wird es abgepumpt und gereinigt. Dabei fließen pro Minute 1,5 Liter ab. In der untenstehenden Abbildung ist die zu diesem Kontext gehörige Funktion f dargestellt.

Aufgabenstellung:

Geben Sie die passenden Werte in die Lücken ein, sodass die Abbildung zum Sachverhalt passt!

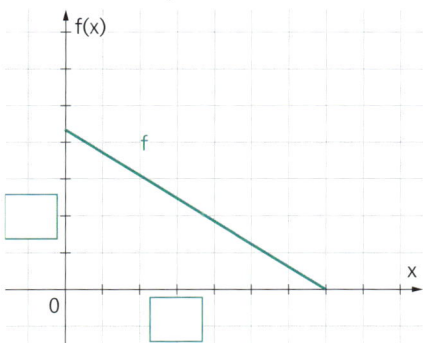

M | 10. Indirekte Proportionalität

Gegeben sind die zwei Größen a und b, die in einem indirekt proportionalen Zusammenhang stehen.

Aufgabenstellung:

Kreuzen Sie die Formel(n) an, bei der (denen) a und b in einem indirekt proportionalen Zusammenhang stehen!

A ☐	B ☐	C ☐	D ☐	E ☐
$a \cdot b = 4$	$\frac{a}{b} = 2$	$\frac{b}{a} = 1{,}5$	$\frac{b}{a} = a$	$b = a^{\frac{1}{2}}$

M | 11. Graphen von Polynomfunktionen

Gegeben ist eine Polynomfunktion f vierten Grades.

Aufgabenstellung:

Kreuzen Sie jene(n) Abbildung(en) an, die (einen) mögliche(n) Funktionsgraphen von f zeigt (zeigen), wenn alle Nullstellen dargestellt sind!

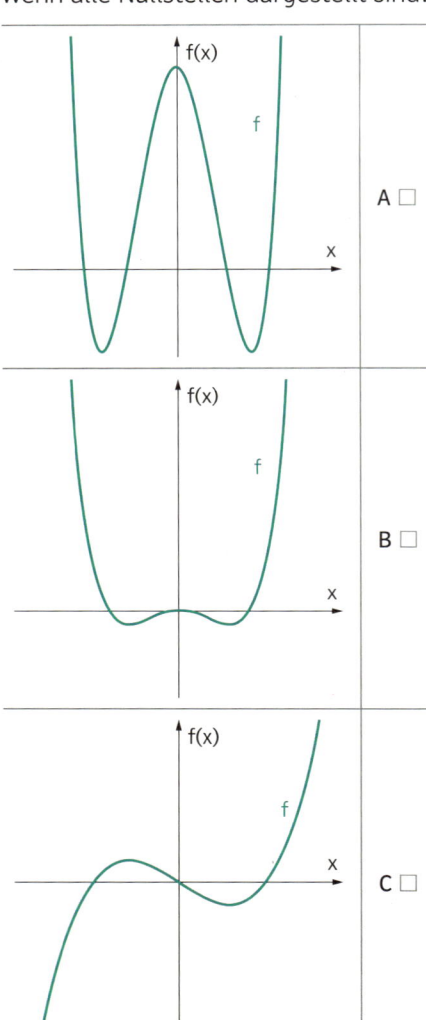

A ☐

B ☐

C ☐

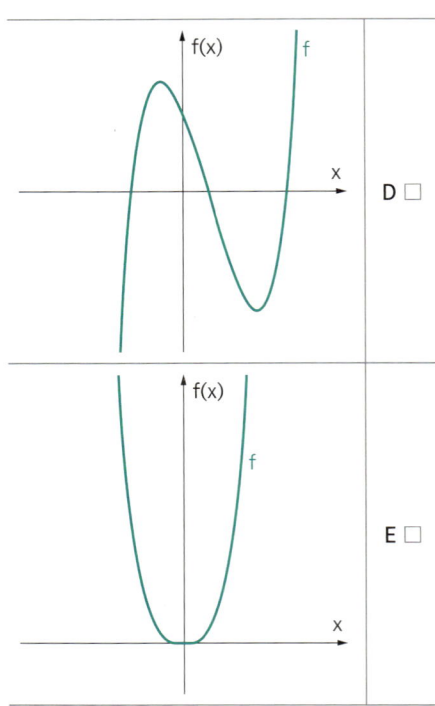

D ☐

E ☐

M | 12. Charakteristische Eigenschaften von Funktionen

Gegeben ist die Funktion b mit $b(p) = d \cdot f^p$, wobei d und f positive reelle Zahlen sind.

Aufgabenstellung:

Geben Sie den Wert des Quotienten $\frac{b(p+1)}{b(p)}$ an! _____

13. Exponentialfunktionen

Gegeben sind die Graphen zweier Exponentialfunktionen g und f mit $g(x) = a \cdot b^x$ und $f(x) = c \cdot d^x$, $a, b, c, d \in \mathbb{R}^+$.

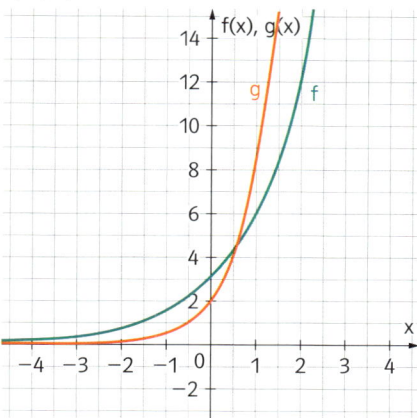

Aufgabenstellung:

Kreuzen Sie diejenige(n) Aussage(n) über die Parameter a, b, c und d an, die zutreffend ist (sind)!

A ☐	B ☐	C ☐	D ☐	E ☐
$b < d$	$a > c$	$a > 0$	$b > d$	$0 < b < 1$

14. Differenzengleichungen

Mit Differenzengleichungen lassen sich verschiedene Wachstumsmodelle beschreiben. Dabei beschreibt y_0 den Bestand zu Beginn der Beobachtung und y_{n+1} den Bestand nach $n+1$ Zeiteinheiten.

Aufgabenstellung:

Ergänzen Sie die Textlücken im folgenden Satz durch Ankreuzen der jeweils richtigen Satzteile so, dass eine mathematisch korrekte Aussage entsteht!

Eine Differenzengleichung der Form _____(1)_____, mit _____(2)_____ beschreibt ein lineares Wachstum.

(1)		(2)	
$y_{n+1} = y_n^2$	☐	$k < 0$	☐
$y_{n+1} = y_n + k$	☐	$k = 0$	☐
$y_{n+1} = y_n \cdot k$	☐	$k > 0$	☐

15. Polynomfunktion dritten Grades

Eine Polynomfunktion dritten Grades besitzt einen Wendepunkt $W = (0 \mid -2)$.

Aufgabenstellung:

Kreuzen Sie jene beiden Bedingungen an, die für diese Funktion jedenfalls gelten!

A ☐	B ☐	C ☐	D ☐	E ☐
$f(0) = -2$	$f(-2) = 0$	$f'(0) = 0$	$f'(-2) = 0$	$f''(0) = 0$

M **16. Stammfunktion**

Die Abbildung zeigt den Graphen einer reellen Funktion und den Graphen einer dazugehörigen Stammfunktion.

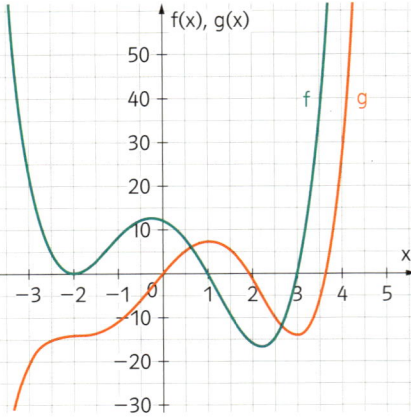

Aufgabenstellung:

Geben Sie an, ob g Stammfunktion von f oder f Stammfunktion von g ist und begründen Sie ihre Entscheidung!

M **17. Flächenberechnung**

In der nebenstehenden Abbildung sind die Graphen der Funktionen f und g, sowie die Schnittpunkte der Graphen $S = (a\,|\,b)$, $T = (c\,|\,d)$ und $U = (e\,|\,f)$ dargestellt. Der Flächeninhalt, den die beiden Funktionen einschließen, wird mit A bezeichnet.

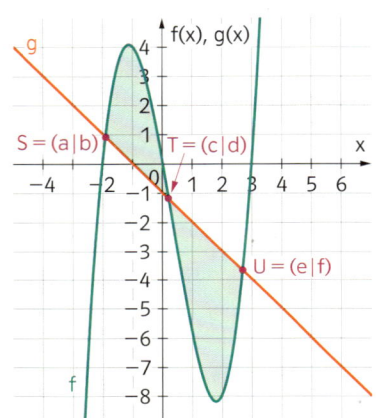

Aufgabenstellung:

Kreuzen Sie die zutreffende(n) Aussage(n) an!

A	$A = \int\limits_{a}^{e} (f(x) - g(x))\,dx$	☐
B	$A = \int\limits_{a}^{c} (f(x) - g(x))\,dx - \int\limits_{c}^{e} (f(x) - g(x))\,dx$	☐
C	$A = \int\limits_{a}^{c} (f(x) - g(x))\,dx + \int\limits_{c}^{e} (g(x) - f(x))\,dx$	☐
D	$A = \int\limits_{a}^{c} (f(x) - g(x))\,dx - \int\limits_{e}^{c} (f(x) + g(x))\,dx$	☐
E	$A = \int\limits_{a}^{c} (f(x) - g(x))\,dx + \left| \int\limits_{c}^{e} (f(x) - g(x))\,dx \right|$	☐

18. Rennautos

Moderne Rennautos besitzen im Inneren eine Vielzahl von Messgeräten, sodass regelmäßig Daten ermittelt und anschließend ausgewertet werden können. Eine dieser Auswertungen in Form eines Zeit-Geschwindigkeit-Diagramms ist in der Abbildung dargestellt.

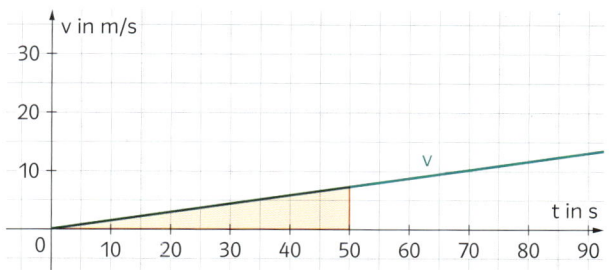

Aufgabenstellung:

Interpretieren Sie den farbigen Flächeninhalt im gegebenen Kontext!

---

19. Histogramm

In einer Schulklasse wird gemessen, wie lang die Schülerinnen und Schüler zum Lösen einer komplexen Mathematikaufgabe benötigen. Die 25 erhobenen Daten wurden in Klassen eingeteilt.

Zeit (in Minuten)	Anzahl der Schülerinnen und Schüler
[0; 10)	7
[10; 30)	15
[30; 60]	3

Aufgabenstellung:

Erstellen Sie ein Histogramm, welches den Sachverhalt korrekt darstellt!

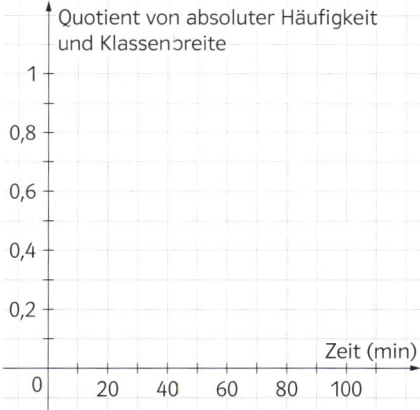

M **20. Körpergröße**

In einer österreichischen Fußballmannschaft werden die Körpergrößen (in Zentimeter cm) der einzelnen Spieler ermittelt. Das nachstehende Stängel-Blatt-Diagramm stellt das Ergebnis dieser Auswertung dar.

Stamm	Blatt
17	6, 7, 8, 8, 8, 9, 9
18	0, 2, 2, 2, 2, 3, 5, 6, 8, 8
19	1, 1, 1, 4, 7, 7

Aufgabenstellung:

Bestimmen Sie den Median der Datenliste, die dem Stängel-Blatt-Diagramm zugrunde liegt!

———————————————

M **21. Regenwahrscheinlichkeit**

Frau Walcher fährt mit ihren Töchtern von Montag bis Mittwoch zu einem Kurzurlaub nach Lignano. Auf einer Internetseite sieht sie sich die Prognose für die Regenwahrscheinlichkeit für diese drei Tage an. Die Daten sind in der untenstehenden Abbildung im Baumdiagramm dargestellt.

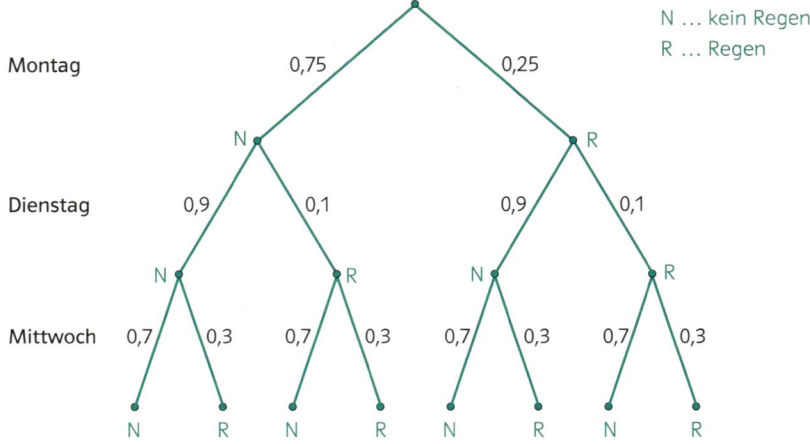

Aufgabenstellung:

Ermitteln Sie die Wahrscheinlichkeit des Ereignisses „höchstens ein Regentag"!

P(höchstens ein Regentag): ———————————————

22. Prüfung

Bei einer Prüfung bekommen die Schülerinnen und Schüler eines Gymnasiums zehn Multiple-Choice-Fragen mit jeweils fünf Antwortmöglichkeiten, von denen jeweils immer nur eine zutreffend ist. Eine Schülerin kreuzt bei diesem Test vollkommen zufällig an.

Aufgabenstellung:

Ordnen Sie den Wahrscheinlichkeiten die entsprechenden Rechenausdrücke zu!

1	P(alle Fragen richtig)
2	P(keine Frage richtig)
3	P(neun Fragen richtig)
4	P(mindestens eine Frage richtig)

A	$1 - 0{,}8^{10}$
B	$\left(\frac{1}{5}\right)^{9}$
C	$10 \cdot \left(\frac{1}{5}\right)^{9} \cdot \frac{4}{5}$
D	$\left(\frac{4}{5}\right)^{10}$
E	$1 - \left(\frac{1}{5}\right)^{10}$
F	$0{,}2^{10}$

23. Wahrscheinlichkeitsverteilungen

Gegeben sind mehrere Fälle, in denen Wahrscheinlichkeiten ermittelt werden.

Aufgabenstellung:

Kreuzen Sie jene(n) Kurztext(e) an, bei dem (denen) die Zufallsvariable X binomialverteilt ist!

A	Aus einer Urne mit gelben und weißen Kugeln wird 75-mal mit Zurücklegen gezogen. X bezeichnet die Anzahl der gezogenen weißen Kugeln.	☐
B	Eine Münze wird dreimal geworfen. X bezeichnet die Anzahl der Versuche, bei denen die Münze „Kopf" zeigt.	☐
C	Aus einer Klasse werden zufällig 2 Personen für eine Mannschaft ausgewählt. X bezeichnet die Anzahl der ausgewählten Buben.	☐
D	Eine Maschine produziert Plastikflaschen mit 1% Ausschuss. X bezeichnet die Anzahl der Ausschussteile in einer Lieferung von 20 Flaschen.	☐
E	In einer Lieferung von 30 Eiern befinden sich 7 kaputte. Es wird eine Stichprobe von 3 Stück entnommen. X bezeichnet die Anzahl der defekten Eier.	☐

Von einer Stichprobe sind jeweils der Stichprobenumfang n, die relative Häufigkeit h eines beobachteten Merkmals und das Konfidenzniveau γ gegeben.

Aufgabenstellung:

Ordnen Sie jeder Stichprobe das richtige Konfidenzintervall zu!

1	n = 500 h = 0,4 γ = 0,99	
2	n = 200 h = 0,3 γ = 0,95	
3	n = 500 h = 0,3 γ = 0,95	
4	n = 1000 h = 0,4 γ = 0,99	

A

0,24 0,26 0,28 0,3 0,32 0,34 0,36 0,38 0,4 0,42 0,44 0,46

B

0,24 0,26 0,28 0,3 0,32 0,34 0,36 0,38 0,4 0,42 0,44 0,46

C

0,24 0,26 0,28 0,3 0,32 0,34 0,36 0,38 0,4 0,42 0,44 0,46

D

0,24 0,26 0,28 0,3 0,32 0,34 0,36 0,38 0,4 0,42 0,44 0,46

E

0,24 0,26 0,28 0,3 0,32 0,34 0,36 0,38 0,4 0,42 0,44 0,46

F

0,24 0,26 0,28 0,3 0,32 0,34 0,36 0,38 0,4 0,42 0,44 0,46

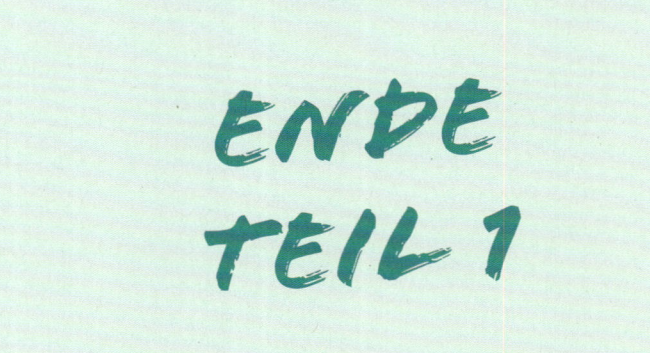

ENDE TEIL 1

Teil 2

M

1. Glasfaserkabel

Als Alternative zu elektrischem Strom wurde im Laufe der letzten Jahre immer mehr das Licht zur Übertragung von Informationen verwendet. Licht wird dabei durch so genannte Glasfaserkabel geleitet, wodurch eine deutliche Erhöhung der Übertragungsgeschwindigkeit erreicht wird.

Ob die Information eines Senders vom Empfänger verstanden werden kann, hängt von der Intensität des Lichts ab, die beim Empfänger noch vorhanden ist. Darunter versteht man die Energie, die pro Sekunde und pro Quadratmeter der Querschnittsfläche des Kabels übertragen werden kann.

Aufgabenstellung:

A **a)** In einem qualitativ hochwertigen Glasfaserkabel nimmt die Intensität des Lichts auf einer Strecke von 36 km um die Hälfte ab. Die Lichtintensität I (in Joule pro Sekunde und Quadratmeter, $J/(sm^2)$) beim Durchgang durch ein Glasfaserkabel der Länge d (in Kilometer) lässt sich durch eine Exponentialfunktion der Form $I(d) = c \cdot e^{\lambda \cdot d}$ beschreiben ($c \in \mathbb{R}^+$, $\lambda \in \mathbb{R}$).

Geben Sie die Funktionsgleichung für diese Exponentialfunktion an, wenn die Lichtintensität am Beginn der Übertragung 15 $J/(sm^2)$ beträgt!

$I(d) = $ _____

Berechnen Sie, wie weit Lichtverstärker höchstens voneinander entfernt sein dürfen, wenn die Intensität des zu verstärkenden Lichts noch wenigstens 20 % der Intensität des eingestrahlten Lichts aufweisen muss!

b) Die Funktion I beschreibt die Lichtintensität im Glasfaserkabel in Abhängigkeit von der Entfernung d vom Sender und kann durch eine Exponentialfunktion der Form $I(d) = I_0 \cdot b^d$ (I_0, $b \in \mathbb{R}^+$, $0 < b < 1$) dargestellt werden.

Zeigen Sie, dass die momentane Änderungsrate der Lichtintensität I für jede Entfernung d proportional zur Lichtintensität in dieser Entfernung ist!

Begründen Sie mit Hilfe der Funktionsgleichung der zweiten Ableitung von I, dass die Abnahme der Lichtintensität mit steigendem Abstand zum Sender immer geringer wird!

c) Die Datenübertragung mittels Glasfaserkabel gilt als zukunftsweisend und die Anzahl der Haushalte, für die eine solche Verbindung zur Verfügung steht, steigt laufend. Das bestätigt auch der Branchenverband VATM, der im Oktober 2015 eine Studie vorlegte, welche die Anzahl der Haushalte, für die die Glasfasertechnik zur Verfügung steht, mit der Anzahl der Haushalte verglich, die die Technik auch tatsächlich nutzen. In der nachstehenden Abbildung sind die Ergebnisse der Studie zusammengefasst.

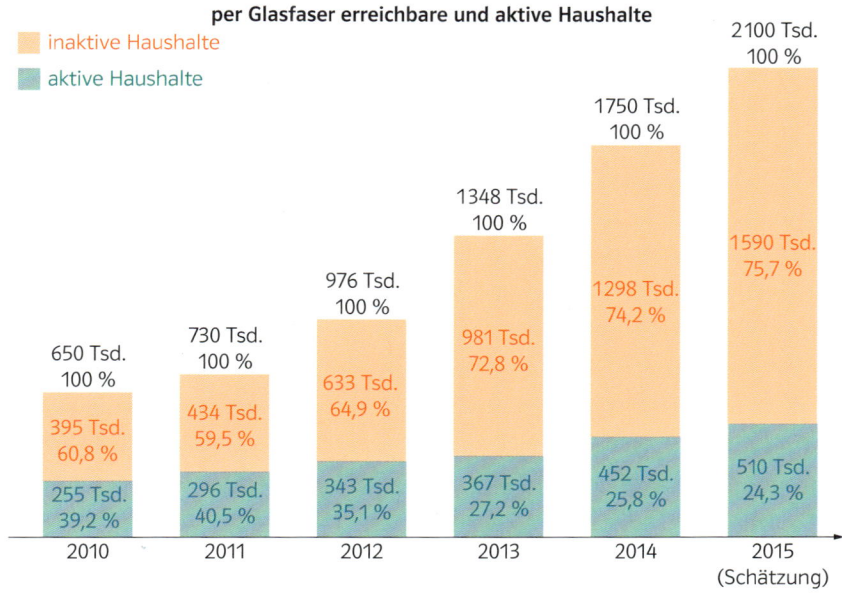

per Glasfaser erreichbare und aktive Haushalte

Jemand behauptet: „Von 2010 auf 2011 ist die Anzahl der aktiven Haushalte um 1,3 % gestiegen."
Ist diese Behauptung richtig? Formulieren Sie eine mathematisch begründete Antwort!

Um das Wachstum der inaktiven Haushalte im Zeitraum von 2010 bis 2015 zu beschreiben, findet

sich in der Studie die folgende Rechnung: $\sqrt[5]{\frac{1590}{395}} \approx 1,3212$

Geben Sie die Bedeutung der Zahl 1,3212 in diesem Kontext an!

d) Ein starkes Gefälle gab es 2014 bei den genutzten Download-Geschwindigkeiten. Die Download-Geschwindigkeit kann in Megabit pro Sekunde (Mbit/s) angegeben werden und ist ein Kriterium für die Qualität des Internetanschlusses.
Die Mehrheit (42,0 %) der in Deutschland geschalteten Glasfaserzugänge brachte es 2014 auf eine Download-Geschwindigkeit zwischen 6 und 16 Mbit/s, insgesamt 29,6 % der Nutzer surften mit höchstens 6 Mbit/s. Datenraten von mehr als 6 Mbit/s nutzten nur 28,4 % der geschalteten Anschlüsse – der Anteil der Internetzugänge mit mehr als 50 Mbit/s betrug sogar gerade einmal 2,9 %.
Diese Angaben beruhen auf einer Datenliste der Kunden von Internetanbietern.
Geben Sie an, in welchem der genannten Bereiche der Download-Geschwindigkeiten der Median der Datenliste liegen muss!

Begründen Sie, dass es nicht möglich ist, eine ähnliche Vorhersage über das arithmetische Mittel zu treffen!

M **2. Dachstein**

Mit einer Panoramagondel, einem Eispalast und einer gläsernen Hängebrücke ist der Dachstein-gletscher eines der imposantesten Ausflugsziele in der Steiermark.

Aufgabenstellung:

a) Die Panoramagondel fährt von der Talstation Türlwand, die auf 1700 m Meereshöhe liegt, hinauf bis zum Hunerkogel. Die nebenstehende Abbildung zeigt eine Modellierung der Strecke, wobei die Talstation in den Punkt (0 | 0) gelegt wurde.
Die Gondel fährt entlang der Strecke TH mit einer mittleren Geschwindigkeit von 43 km/h, wobei ihre Höhenzunahme 10 Kilometer pro Stunde beträgt.

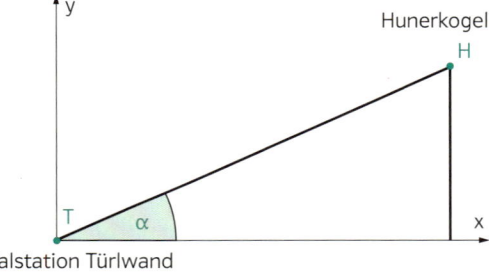

A Berechnen Sie den mittleren Steigungswinkel α der Strecke TH!

Die Fahrtzeit der Gondel beträgt sechs Minuten. Bestimmen Sie die Koordinaten der Bergstation Hunerkogel in dem abgebildeten Modell in Meter!

b) Die gläserne Hängebrücke führt über eine Schlucht, die 400 Meter in die Tiefe geht. Sie ist etwa einen Meter breit und 100 Meter lang. Um größtmögliche Sicherheit zu gewährleisten, ist sie mit hohen Geländern und einer Stahlkonstruktion ausgestattet, die ein Vielfaches des üblichen Gewichts tragen kann.
Die Funktion g beschreibt die Gewichtskraft (in Newton), welcher die Brücke pro Quadratmeter im Abstand x (in Meter) von einem Ende der Brücke standhalten kann.

Die Funktionsgleichung der Funktion g lautet $g(x) = -2\,000 \cdot e^{-0,5 \cdot \frac{(x-50)^2}{300}} + 9\,000$.

Im Winter fällt Schnee gleichmäßig auf die Brücke. Berechnen Sie, welcher maximalen Gewichts-kraft des Schnees die Brücke standhalten kann!

Geben Sie eine Bedeutung des Ausdrucks $\lim\limits_{x \to a} \frac{g(x) - g(a)}{x - a}$ in diesem Kontext an, wobei $a \in [0; 100]$!

c) Im Eispalast auf dem Dachstein wurden Eisskulpturen von bekannten Sehenswürdigkeiten der Steiermark erstellt. Dass die Skulpturen auch im Sommer nicht schmelzen, liegt an der relativ konstanten Temperatur von $-5°$ C in der Höhle, aber auch daran, dass zum Schmelzen von Eis vergleichsweise viel Energie benötigt wird.

Um ein Kilogramm Eis von einer bestimmten Temperatur T auf die Schmelztemperatur von 0°C zu bringen, müssen zunächst pro Grad Celsius 2 Kilojoule (kJ) Energie zugeführt werden. Damit ein Kilogramm Eis bei 0°C zu Wasser schmilzt sind weitere 333,7kJ nötig.
Die Dichte ϱ eines Stoffes bezeichnet seine Masse m pro Volumeneinheit (bei Eis rund 9180 kg/m³.)

Geben Sie eine Formel in Abhängigkeit des Volumens V (im m³) und der Temperaturveränderung ΔT einer Eisskulptur an, mit der man die Energie E in kJ berechnen kann, um die Skulptur vollständig zu Wasser zu schmelzen!

E = _____

Geben Sie an, ob das Volumen V bei konstanter Temperaturveränderung ΔT zur Energie E in der obigen Formel direkt proportional ist und begründen Sie Ihre Antwort!

M 3. Ballspiele

In den meisten Ballspielen (Fußball, Handball, Basketball usw.) treten zwei Teams A und B gegeneinander mit dem Ziel an, in einer bestimmten Zeit mehr Punkte als das jeweils gegnerische Team zu erzielen. Punkte werden dabei verbucht, indem man den Ball in das gegnerische Tor (oder den gegnerischen Korb) befördert. Bezeichnet man bei einem Fußballspiel die Wahrscheinlichkeit, dass Team A das nächste Tor schießt mit p und die Wahrscheinlichkeit, dass Team B das nächste Tor schießt mit q, so ergeben sich für ein Spiel, in dem fünf Tore erzielt werden, die in der folgenden Graphik dargestellten Verlaufsmöglichkeiten.

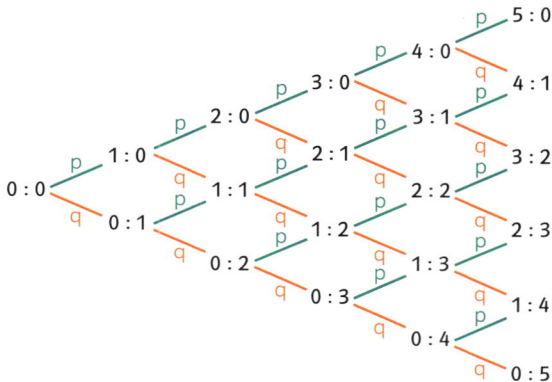

Aufgabenstellung:

a) Begründen Sie, dass die Anzahl der Tore, die das Team A in einem Spiel, in dem fünf Tore fallen, erzielt, binomialverteilt ist!

A Berechnen Sie die Wahrscheinlichkeit, dass das Team A in einem Spiel, in dem insgesamt fünf Tore fallen, genau drei Tore erzielt, wenn p = 0,4 beträgt!

b) In einem Spiel mit n gefallenen Toren bezeichnet die Zufallsvariable X die Anzahl der Tore, die das Team A erzielt. Die Zufallsvariable X ist binomialverteilt.

Geben Sie eine Bedingung zwischen n und der Anzahl k der von Team A erzielten Tore an, die erfüllt sein muss, wenn A das Spiel gewinnt!
Bestimmen Sie eine Formel in Abhängigkeit von n für die Wahrscheinlichkeit P_n, dass das Spiel unentschieden endet! Unterscheiden Sie dabei die Fälle, dass n gerade oder ungerade ist!

c) Im Basketball sind die Wahrscheinlichkeiten für das Erzielen eines Korbes von großem Interesse. In einem Wettbüro wird die Quote, dass das Team A bei einem Basketballspiel gewinnt, mit 2,2:1 angegeben. Das bedeutet, dass die Wahrscheinlichkeit, dass Team A gewinnt 2,2-mal so hoch ist wie die Wahrscheinlichkeit, dass es verliert. Berechnen Sie die Wahrscheinlichkeit in Prozent, dass Team A gewinnt!

In einem Spiel wurden insgesamt 120 Körbe geworfen. Bestimmen Sie mithilfe der Approximation der Binomial- durch die Normalverteilung die Wahrscheinlichkeit für Team A, in diesem Spiel einen Korb geworfen zu haben! Beziehen Sie sich bei Ihrer Berechnung auf die 120 getroffenen Körbe und legen Sie ihr die Voraussetzung, dass Team A das Spiel gewonnen hat und dass die oben genannte Quote des Wettbüros auf die zu berechnende Wahrscheinlichkeit umsetzbar ist, zugrunde!

M ▶ **4. Gezeiten**

Die Gezeiten sind periodische Wasserbewegungen des Ozeans, die sich auf Wasserstände an Orten auswirken, die direkt mit dem Meer verbunden sind. Sie sind eine Folge von Anziehungskräften zwischen der Erde und dem Mond.

Die „Gezeitenrechnung" versucht Vorhersagen über Hochwasser- und Niedrigwasserstände zu machen. Dazu werden die Pegel eines bestimmten Gewässers in einer Tabelle festgehalten und auf Basis dieser Daten Prognosen für die kommenden Wasserstände erstellt. Diese werden in der Schifffahrt benötigt, um beispielsweise den besten Zeitpunkt für die Überquerung einer Untiefe zu wählen. Die Differenz zwischen dem höchsten und niedrigsten Wasserstand wird als „Tidenhub" bezeichnet.

Aufgabenstellung:

a)

Juli		
	Zeit	Höhe
Di, 27.7.	1:37	4,6
	7:45	0,6
	13:53	4,6
	20:01	0,6

Die Tabelle zeigt einen Ausschnitt aus der Gezeitentafel vom 27. Juli 2010 für einen Ort an der Nordsee. Darin sind die Zeiten für den jeweils höchsten und niedrigsten Wasserstand im Laufe eines Tages angegeben. Die Zeit wird in Stunden und Minuten, die Höhe in Metern gemessen.

A Bestimmen Sie die mittlere Höhenzunahme pro Minute zwischen den Uhrzeiten 7:45 Uhr und 13:53 Uhr!

Bei entsprechender Wahl des Koordinatenursprungs lässt sich die Höhe des Wasserstands durch eine Sinusfunktion der Form $h(t) = a \cdot \sin(b \cdot t)$ darstellen. Die 1. Achse wird dazu auf die Höhe 2,6 m gelegt.

Geben Sie an, in welche Uhrzeit des Vortages man die 2. Achse legen muss, um die Höhe des Wasserstands durch eine Sinusfunktion der oben genannten Form anzugeben!

b) Die sogenannte „Zwölftel-Regel" bietet ein einfaches Verfahren, um Wasserstände zwischen den Zeitpunkten der niedrigsten und höchsten Wasserstände abzuschätzen. Sie geht davon aus, dass sich der Wasserstand in der ersten Stunde nach dem niedrigsten Stand um $\frac{1}{12}$ des Tidenhubs ändert. In der zweiten, dritten, …, sechsten Stunde beträgt die Änderung dann $\frac{2}{12}$, $\frac{3}{12}$, $\frac{3}{12}$, $\frac{2}{12}$ und $\frac{1}{12}$ des Tidenhubs.

An einem Ort am Meer tritt der niedrigste Wasserstand um 6:45 Uhr mit einer Höhe von 2,30 m ein. Der darauffolgende höchste Wasserstand beträgt 4,70 m. Schätzen Sie mit Hilfe der „Zwölftel-Regel" den Wasserstand um 8:45 Uhr ab!

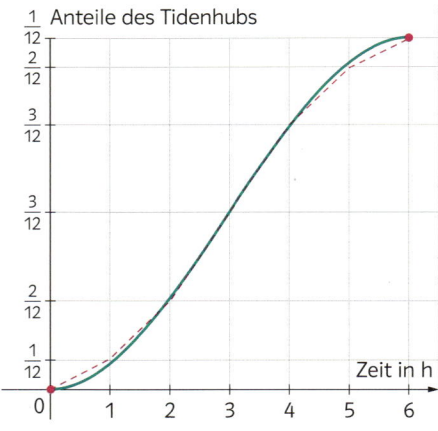

Die nebenstehende Abbildung zeigt die „Zwölftel-Regel" im Vergleich mit dem Modell einer Sinusfunktion. Dabei ist die zweite Achse auf unkonventionelle Weise beschriftet. Eine Sinusfunktion, die zur Beschreibung des Wasserstands von seinem niedrigsten zu seinem höchsten Punkt verwendet werden kann, wird unter Anwendung der „Zwölftel-Regel" durch stückweise lineare Funktionen angenähert.

Der Anstieg des Wasserstands soll nun durch eine einzige lineare Funktion modelliert werden, deren Graph durch die rot markierten Punkte in der rechten Abbildung gehen soll.

Geben Sie die Steigung k dieser linearen Funktion in Abhängigkeit des Tidenhubs H an!

$k = $ _____

Probematura 2

Teil 1

M **1. Zahlenmengen**

Gegeben sind fünf Aussagen über Zahlenmengen.

Aufgabenstellung:

Kreuzen Sie die zutreffende(n) Aussagen(n) an!

A	Jede natürliche Zahl lässt sich als Summe zweier rationaler Zahlen schreiben.	☐
B	Das Produkt von zwei komplexen Zahlen kann eine ganze Zahl sein.	☐
C	Jede komplexe Zahl ist auch eine rationale Zahl.	☐
D	Die Differenz zweier natürlicher Zahlen ist eine ganze Zahl.	☐
E	Das Produkt zweier rationaler Zahlen muss keine rationale Zahl sein.	☐

M **2. Annas Klasse**

In Annas Klasse gehen insgesamt G Schülerinnen und Schüler, davon sind B Burschen. Anna hat doppelt so viele Mitschüler wie Mitschülerinnen.

Aufgabenstellung:

Geben Sie eine Gleichung an, die den Zusammenhang zwischen G und B richtig wiedergibt und nur die Variablen G und B enthält!

M **3. Quadratische Gleichung**

Gegeben ist die Gleichung $u x \cdot (x + 1) + v = 0$, wobei u und v reelle Zahlen und $u, v \neq 0$ sind.

Aufgabenstellung:

Geben Sie eine Bedingung für u in Abhängigkeit von v an, sodass die quadratische Gleichung nur eine Lösung besitzt!

$u =$ _____

M **4. Verkauf von Pralinen**

Die Pralinensorte „Petits Bijoux" gibt es in einer 10-Stück- und in einer 3-Stück-Packung. Der Vektor P gibt die Preise der 10-Stück- und der 3-Stück-Packung in Euro an. Eine einzelne Praline würde 50 Cent kosten, die Pralinen werden aber nicht einzeln verkauft.
Die in einem Monat verkaufte Anzahl an 10-Stück- und 3-Stück-Packungen wird durch den Vektor V angegeben.

Aufgabenstellung:

Kreuzen Sie die beiden zutreffenden Aussagen an!

A	Der Vektor P ist $\begin{pmatrix} 5 \\ 1{,}50 \end{pmatrix}$.	☐
B	P · V ist der Vektor, der die Einnahmen für die 10-Stück- und die 3-Stück-Packungen angibt.	☐
C	P · V gibt die Gesamtzahl aller verkauften Pralinen in einem Monat an.	☐
D	Der Vektor P ist $\begin{pmatrix} 10 \\ 3 \end{pmatrix}$.	☐
E	P · V gibt die Gesamteinnahmen in einem Monat an.	☐

M **5. Normale Gerade**

In der untenstehenden Abbildung wurde die Gerade g in ein Koordinatensystem eingezeichnet.

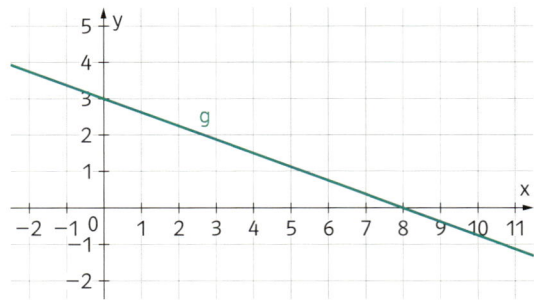

Aufgabenstellung:

Geben Sie eine Parameterdarstellung einer Geraden h an, die durch den Punkt (4 | −1) verläuft und normal auf die Gerade g steht!

M **6. Lage zweier Geraden im Raum**

Die Geraden g und h sind im $\mathbb{R}^3$ durch ihre Parameterdarstellungen gegeben.

$$g: X = \begin{pmatrix} -3 \\ 1 \\ 5 \end{pmatrix} + t \cdot \begin{pmatrix} 4 \\ r \\ -2 \end{pmatrix} \qquad h: X = \begin{pmatrix} 1 \\ -4 \\ 3 \end{pmatrix} + s \cdot \begin{pmatrix} -6 \\ 12 \\ 3 \end{pmatrix}$$

Dabei ist r eine noch zu wählende Konstante, die die Lage der Geraden zueinander festlegt.

Aufgabenstellung:

Ergänzen Sie die Textlücken im folgenden Satz durch Ankreuzen der jeweils richtigen Satzteile so, dass eine mathematisch korrekte Aussage entsteht!

Ist r = _____ (1) _____ , so sind g und h _____ (2) _____ .

(1)		(2)	
−6	☐	ident	☐
3	☐	parallel (und verschieden)	☐
−8	☐	windschief	☐

7. Abstand zwischen zwei Geländepunkten

Von der Spitze eines 150 Meter hohen Turms sieht man im Gelände die Punkte A und B. Die Winkel α und β können gemäß der untenstehenden Skizze gemessen werden. Dabei ist $\alpha = 21{,}3°$ und $\beta = 17{,}8°$.

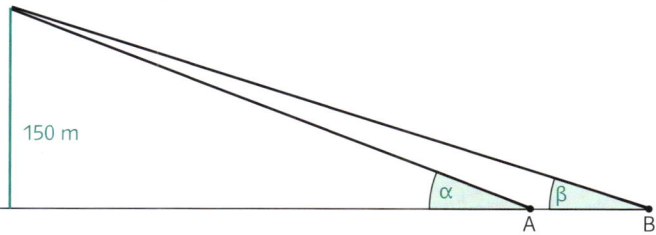

Aufgabenstellung:

Berechnen Sie den Abstand der beiden Punkte A und B in Meter!

8. Zentripetalkraft

Die Zentripetalkraft F_Z ist jene Kraft, die einen Körper auf eine Kreisbahn zwingt. Sie ist abhängig von der Masse m des Körpers, vom Abstand r des Körpers von der Drehachse sowie von der Tangential-geschwindigkeit v des Körpers auf seiner Bahn und lässt sich durch die Formel $F_Z = \frac{m \cdot v^2}{r}$ berechnen.

Aufgabenstellung:

Von den folgenden fünf Graphen stellt einer die Abhängigkeit der Zentripetalkraft von r und einer ihre Abhängigkeit von v dar. Kreuzen Sie diese beiden Graphen an!

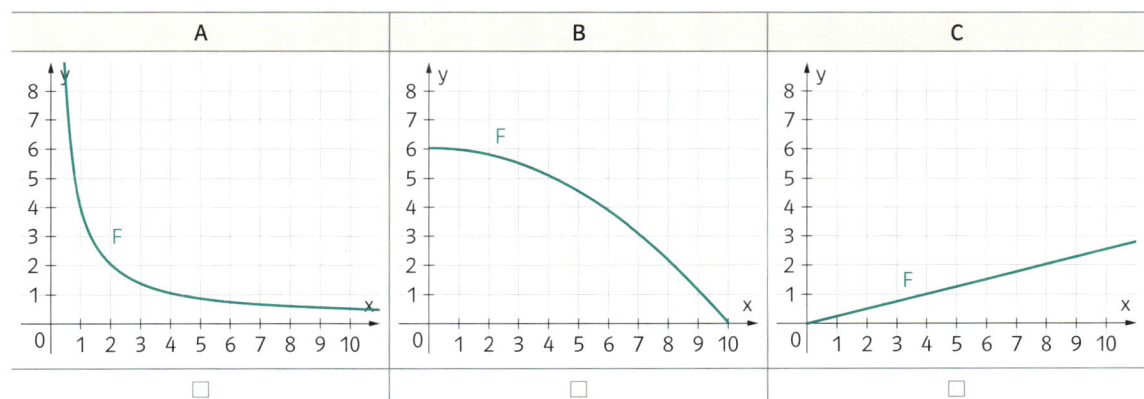

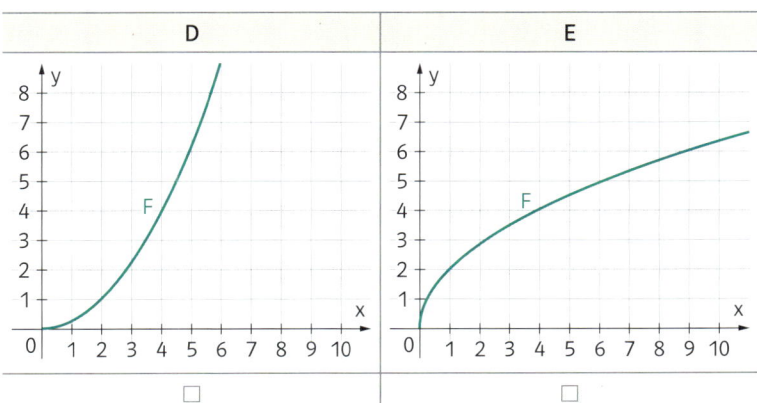

M **9. Lineare Funktion**

Gegeben ist die Wertetabelle für eine reelle Funktion f.

Aufgabenstellung:

Geben Sie die korrekten Werte für a und b an, sodass die Funktion f linear ist!

a = _____   b = _____

x	f(x)
−3	1,75
−1	3,25
0	a
5	7,75
b	10

M **10. Graph einer Polynomfunktion**

Von einer Polynomfunktion f sind im Intervall [−6; 4] folgende Eigenschaften gegeben:
– Die globale Maximumstelle der Funktion f im Intervall [−6; 4] befindet sich bei x = −6.
– Die Funktion f besitzt an der Stelle −3 ein lokales Minimum, das auch das globale Minimum im Intervall [−6; 4] ist.
– Die Funktion f besitzt an der Stelle 2 eine Nullstelle, die auch eine lokale Maximumstelle ist.
– Die Funktion f ändert im Intervall [−6; 4] zweimal ihr Monotonieverhalten.

Aufgabenstellung:

Skizzieren Sie den Graphen einer möglichen Funktion f im Intervall [−6; 4], die die oben angegebenen Eigenschaften hat!

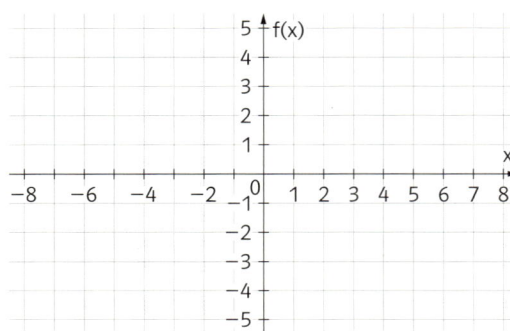

M **11. Zerfall von Palladium-114**

Der Zerfall einer Menge von 24 Gramm des radioaktiven Isotops Palladium-114 kann durch eine Exponentialfunktion modelliert werden, deren Graph in der folgenden Abbildung dargestellt ist.

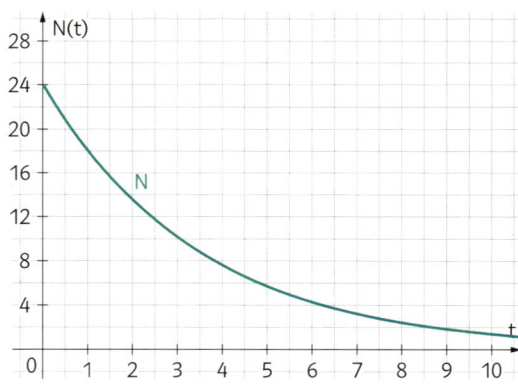

Aufgabenstellung:

Geben Sie eine Funktionsgleichung für diesen Zerfall von Palladium-114 an!

N(t) = _____

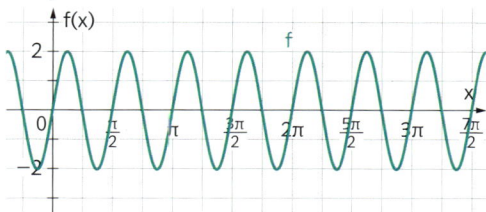

12. Sinusfunktionen

Der Graph einer Sinusfunktion f von der Form f(x) = a · sin(b · x) ist in der untenstehenden Abbildung dargestellt.

Im Folgenden sind Graphen von Sinusfunktionen g, h, i und j gegeben, die durch Änderung der Parameter a und b aus dem Graphen der Funktion f hervorgehen.

Aufgabenstellung:

Ordnen Sie die Änderungen der Parameter a und b den entsprechenden Graphen der Sinusfunktionen zu!

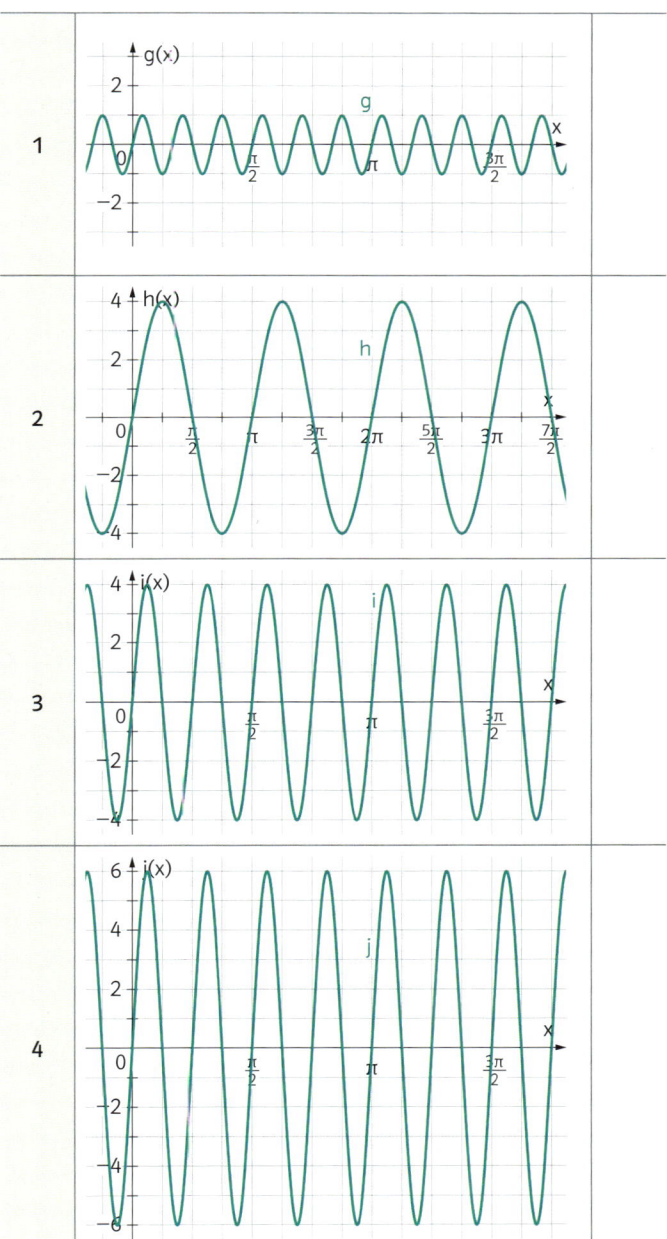

A	a wird verdoppelt und b wird halbiert.
B	a wird halbiert und b wird halbiert.
C	a wird verdreifacht und b wird verdoppelt.
D	a wird halbiert und b wird verdreifacht.
E	a wird verdoppelt und b wird verdoppelt.
F	a wird verdreifacht und b wird verdreifacht.

M 13. **Ballwurf**

Ein Ball wird senkrecht nach oben geworfen. Die Höhe des Balls über dem Boden wird durch die Funktion h mit der Funktionsgleichung $h(t) = -0{,}5\,t^2 + 3\,t + 1$ beschrieben (t ist dabei die vergangene Zeit in Sekunden).

Aufgabenstellung:

Kreuzen Sie die zutreffende(n) Aussage(n) an!

A	Die mittlere Geschwindigkeit des Balls im Zeitintervall [1; 2] ist kleiner als seine Momentangeschwindigkeit zum Zeitpunkt 2.	☐
B	Nach fünf Sekunden befindet sich der Ball in einer Höhe von 3,5 Metern.	☐
C	Die mittlere Geschwindigkeit des Balls im Zeitintervall [1; 6] ist genauso groß wie seine Momentangeschwindigkeit zum Zeitpunkt 3.	☐
D	Die Momentangeschwindigkeit des Balls ist zu jedem Zeitpunkt größer als null.	☐
E	Nach sechs Sekunden schlägt der Ball auf dem Boden auf.	☐

M 14. **Differenzenquotient**

In der untenstehenden Abbildung ist die Funktion f durch ihren Graphen gegeben.

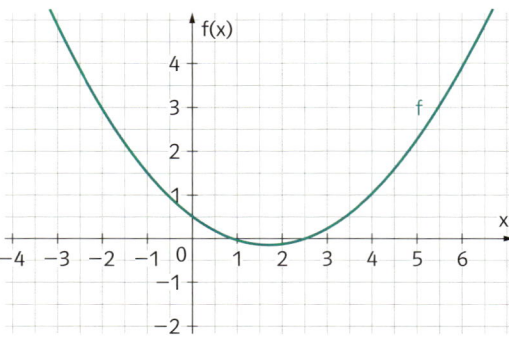

Aufgabenstellung:

Bestimmen Sie den Differenzenquotienten D der Funktion f im Intervall [−2; 4]!

D = _____

M 15. **Polynomfunktion vierten Grades**

Eine Polynomfunktion vierten Grades hat an der Stelle −2 einen Sattelpunkt und an der Stelle 5 ein lokales Minimum.

Aufgabenstellung:

Kreuzen Sie jene Bedingung(en) an, die für die Funktion jedenfalls gilt (gelten)!

A	$f'(-2) = 0$	☐
B	$f(5) = 0$	☐
C	$f(-2) = 0$	☐
D	$f''(-2) = 0$	☐
E	$f''(5) = 0$	☐

16. Stammfunktion

Eine Funktion f ist durch ihren Graphen gegeben.

Aufgabenstellung:

Geben Sie die Funktionsgleichung einer Stammfunktion F von f an, die die Funktion f an der Stelle 2 schneidet!

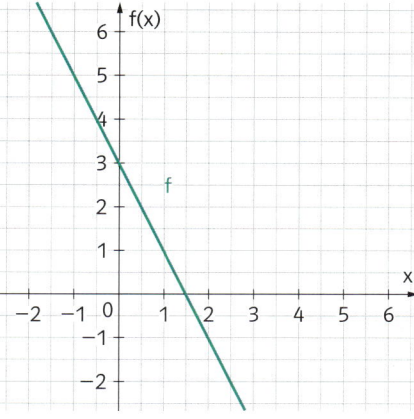

M

17. Leistung eines Motors

In der Technik ist die Leistung P eines Motors jene Energiemenge (in Joule), die dieser in einer Sekunde umsetzt. Die Funktion P ordnet jedem Zeitpunkt t (in Sekunden) die momentane Leistung eines Motors (in Watt) zu.

Aufgabenstellung:

Geben Sie die Bedeutung des Ausdrucks $\int\limits_{0}^{10} P(t)\,dt$ in diesem Kontext an!

M

18. Fläche zwischen zwei Funktionsgraphen

In der nebenstehenden Abbildung sind die Graphen der Funktionen f und g dargestellt. Die Schnittpunkte der Graphen befinden sich an den Stellen −2 und 4. Die Fläche, die sie einschließen, wird mit A bezeichnet.

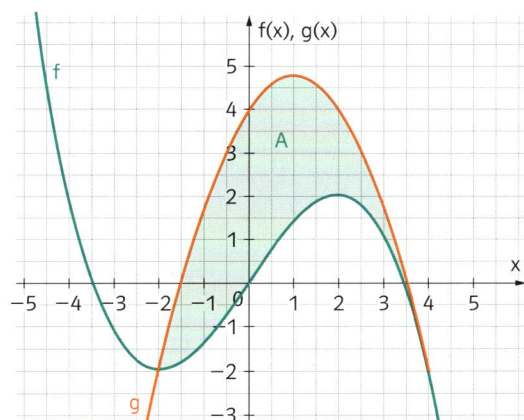

Aufgabenstellung:

Kreuzen Sie jene beiden Ausdrücke an, mit denen man den Flächeninhalt der dargestellten Fläche berechnen kann!

A	$A = \left\| \int\limits_{-2}^{4} f(x)\,dx \right\| + \left\| -\int\limits_{-2}^{4} g(x)\,dx \right\|$	☐
B	$A = \int\limits_{-2}^{4} g(x)\,dx - \int\limits_{-2}^{4} f(x)\,dx$	☐
C	$A = -\left\| \int\limits_{-2}^{4} g(x)\,dx \right\| + \left\| \int\limits_{-2}^{4} f(x)\,dx \right\|$	☐
D	$A = \int\limits_{-2}^{0} f(x)\,dx - \left\| \int\limits_{-2}^{0} g(x)\,dx \right\| + \int\limits_{0}^{4} g(x)\,dx - \int\limits_{0}^{4} f(x)\,dx$	☐
E	$A = \left\| \int\limits_{-2}^{4} g(x) - f(x)\,dx \right\|$	☐

M **19. Berufszufriedenheit**

Die Zufriedenheit mit dem eigenen Arbeitsplatz wurde im Jahr 2010 und 2015 von einer Versicherungsanstalt erhoben. Befragt wurden jeweils 1000 Personen im Alter von 18 bis 65 Jahren. Die folgende Graphik gibt die Zufriedenheit in verschiedenen Berufsfeldern im Vergleich der beiden Jahre wieder.

Frage: „Wie zufrieden sind Sie mit ihrem jetzigen Arbeitsplatz?" ■ 2015 ■ 2010

Sehr zufrieden / zufrieden in Prozent

Quelle: Allianz/Nielsen

Berufsfeld	2015	2010
Unterrichtswesen	70 %	80 %
Industrie	66 %	76 %
Öffentliche Verwaltung	65 %	80 %
Gesundheitswesen	65 %	87 %
Banken / Versicherungen	62 %	88 %
Handel	60 %	72 %
Gastronomie	53 %	81 %

Aufgabenstellung:

Kreuzen Sie die beiden zutreffenden Aussagen an!

A	Im Unterrichtswesen ist die Anzahl der zufriedenen Personen von 2010 auf 2015 um ein Zehntel gesunken.	☐
B	Die größte Abnahme in Prozentpunkten bei der Zufriedenheit mit dem Arbeitsplatz zwischen 2010 und 2015 gab es bei Banken und Versicherungen.	☐
C	In der öffentlichen Verwaltung waren im Jahr 2010 vier von fünf Personen mit ihrem Arbeitsplatz zufrieden.	☐
D	In der Gastronomie waren 2015 etwas mehr als die Hälfte der Befragten mit ihrem Arbeitsplatz nicht zufrieden.	☐
E	Im Unterrichtswesen waren 2015 drei Viertel der Befragten mit ihrem Arbeitsplatz zufrieden.	☐

M **20. Ausgezeichnete Erfolge**

In der folgenden Tabelle ist die Anzahl der ausgezeichneten Erfolge der Unterstufenklassen einer AHS angegeben. Es wurden der Median, der Modus, das arithmetische Mittel und die Quartile der Liste ermittelt.

1A	1B	1C	2A	2B	2C	3A	3B	3C	4A	4B	4C
7	6	7	6	2	4	4	6	7	7	2	2

Aufgabenstellung:

Ordnen Sie den statistischen Kennwerten die korrekten Zahlen zu!

	statistische Kennwerte	
1	Median	
2	Modus	
3	arithmetisches Mittel	
4	1. Quartil	

	Zahlen
A	2
B	3
C	4
D	5
E	6
F	7

21. Mensch, ärgere dich nicht

In dem Spiel „Mensch, ärgere dich nicht" muss man einen Sechser würfeln, um eine neue Spielfigur anstellen zu dürfen. Dafür hat man in jeder Runde maximal drei Würfe hintereinander mit einem herkömmlichen Würfel zur Verfügung.

Aufgabenstellung:

Ergänzen Sie die Textlücken im folgenden Satz durch Ankreuzen der jeweils richtigen Satzteile so, dass eine mathematisch korrekte Aussage entsteht!

Die Wahrscheinlichkeit _____(1)_____ kann durch _____(2)_____ berechnet werden.

(1)		(2)	
bei zwei von drei Würfen einen Sechser zu würfeln	☐	$\frac{5}{6} \cdot \frac{1}{6}$	☐
erst beim zweiten Mal einen Sechser zu würfeln	☐	$\left(\frac{1}{6}\right)^2 \cdot \frac{5}{6}$	☐
bei keinem der drei Würfe einen Sechser zu würfeln	☐	$\frac{5}{6}$	☐

22. Einwohner einer Großstadt

Durch eine Volkszählung weiß man, dass p% der Bewohnerinnen und Bewohner einer Großstadt älter als 40 Jahre sind. Bei einer Befragung werden nun zufällig 20 Personen aus dieser Stadt ausgewählt.

Aufgabenstellung:

Interpretieren Sie den Ausdruck $1 - [(1-p)^{20} + 20 \cdot p \cdot (1-p)^{19}]$!

23. Würfelspiel

Bei einem Würfelspiel wird ein Einsatz von 1 € verlangt. Anschließend würfelt man mit einem Standardwürfel. Bei einer Augenzahl von 1 bis 4 verliert man den Einsatz, bei 5 oder 6 bekommt man seinen Einsatz zurück sowie weitere 3 € Gewinnprämie.

Aufgabenstellung:

Berechnen Sie den Erwartungswert für das beschriebene Würfelspiel!

24. Konfidenzintervall

Während einer Fernsehkonfrontation zwischen zwei Kandidaten für das Präsidentschaftsamt wird eine telefonische Blitzumfrage durchgeführt. Von den 200 Befragten entscheiden sich 72 für den Kandidaten A. Aus diesen Daten wird das 95%-Konfidenzintervall [0,29; 0,43] ermittelt.

Aufgabenstellung:

Kreuzen Sie die beiden zutreffenden Aussagen an!

A	Das Konfidenzintervall wäre schmäler, wenn man eine höhere Sicherheit zu Grunde gelegt hätte.	☐
B	Das Konfidenzintervall wäre breiter, wenn sich in der Umfrage 100 statt 72 der Befragten für den Kandidaten A entschieden hätten.	☐
C	Das Konfidenzintervall wäre schmäler, wenn man mehr als 200 Personen befragt hätte, der relative Anteil der Befürworter für Kandidat A aber gleichgeblieben wäre.	☐
D	In der Gesamtbevölkerung unterstützen weniger als 50% den Kandidaten A.	☐
E	Die Wahrscheinlichkeit, dass jemand aus der Bevölkerung den Kandidaten A wählt, ist größer als 29%.	☐

Teil 2

M **1. Polynomfunktionen zweiten Grades**

Gegeben sind eine quadratische Gleichung $ax^2 + bx + c = 0$ mit $a, b, c \in \mathbb{R}$ und die zugehörige Polynomfunktion $f(x) = ax^2 + bx + c$.

Aufgabenstellung:

a) Für $a = 1$ und $c = 9$ erhält man die Polynomfunktion f_1 mit $f_1(x) = x^2 + bx + 9$. Der Graph der Funktion f_1 hat mit der x-Achse genau einen gemeinsamen Punkt.
Bestimmen Sie die Koordinaten dieses Berührpunkts B mit der x-Achse!

Wenn man die Voraussetzungen für a und c ändert, muss sich auch b verändern, damit der Graph der Funktion f_1 genau einen Berührpunkt mit der x-Achse hat.
Kreuzen Sie die zutreffende(n) Aussage(n) an!

A	Ist $a > 1$ und $c = 9$, so muss b größer sein als bei f_1, damit die Funktion genau einen Berührpunkt mit der x-Achse hat.	☐
B	Ist $a = 1$ und $c = 0$, so muss auch $b = 0$ sein, damit die Funktion genau einen Berührpunkt mit der x-Achse hat.	☐
C	Ist $a < 0$ und $c = 9$, so muss b kleiner sein als bei f_1, damit die Funktion genau einen Berührpunkt mit der x-Achse hat.	☐
D	Ist $a = 1$ und $c > 9$, so muss b größer sein als bei f_1, damit die Funktion genau einen Berührpunkt mit der x-Achse hat.	☐
E	Ist $0 < a < 1$ und $c = 9$, so muss b größer sein als bei f_1, damit die Funktion genau einen Berührpunkt mit der x-Achse hat.	☐

A **b)** Die Polynomfunktion f mit $f(x) = ax^2 + bx + c$ $(a > 0)$ besitzt ein lokales Minimum T.
Geben Sie die Koordinaten von T in Abhängigkeit von a, b und c an!

T = (_____ | _____)

Zeigen Sie allgemein, dass das arithmetische Mittel der beiden Nullstellen von f gleich dem x-Wert des lokalen Minimums ist!

c) Für $a = 1$ und $b = 0$ erhält man die Funktion f_2 mit $f_2(x) = x^2 + c$.

Bestimmen Sie denjenigen Wert für c, für den gilt $\int_{-1}^{1} f_2(x)\, dx = 1$!

Geben Sie eine mathematische Begründung dafür an, dass für die Funktion f_2 die Gleichung

$$\int_{-1}^{1} f_2(x)\, dx = 2 \cdot \int_{0}^{1} f_2(x)\, dx$$ eine wahre Aussage ergibt!

2. Hahnenkammrennen

Eines der bedeutendsten jährlichen Sportereignisse in Österreich ist die alpine Skiabfahrt in Kitzbühel auf der „Streif". Mit einer Länge von 3 312 Metern und einer Fahrzeit von knapp zwei Minuten gilt sie als eine der spektakulärsten, aber auch gefährlichsten Abfahrten der Welt. 2016 gewann der Italiener Peter Fill die Abfahrt der Herren. Die folgende Grafik zeigt die Abschnitte der Strecke mit einigen Daten.

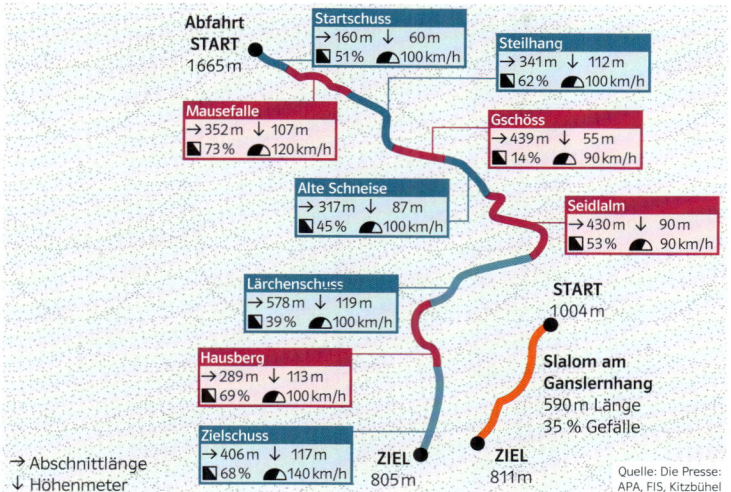

Aufgabenstellung:

A **a)** Bestimmen Sie die mittlere Steigung der Streif in Prozent sowie den mittleren Steigungswinkel!

Berechnen Sie das arithmetische Mittel der Steigungen der einzelnen Abschnitte in Prozent!

Geben Sie an, unter welcher Bedingung sich derselbe Wert ergeben würde wie bei der mittleren Steigung!

b) Einige Daten der Fahrt von Peter Fill sind in der folgenden Tabelle dokumentiert. Die Zeiten werden dabei im Format „Minuten:Sekunden:Hundertstelsekunden" angegeben.

Zeit	Position
0:00	Start
29:02	nach dem Steilhang (Zwischenzeit)
1:30:77	vor dem Hausberg (Zwischenzeit)
1:52:37	Ziel

Markieren Sie im folgenden Koordinatensystem näherungsweise die Punkte, an denen die beiden Zwischenzeiten genommen wurden und verbinden Sie sie durch eine Gerade!

Interpretieren Sie die Steigung der Geraden im Kontext der Fahrt von Peter Fill!

c) Die Fahrt von Peter Fill durch den Zielschuss lässt sich im Zeitintervall [0; 10] durch die Zeit-Ort-Funktion s mit $s(t) = -0{,}45\,t^3 + 5\,t^2 + 37\,t - 0{,}5$ näherungsweise beschreiben (t in Sekunden, s in Meter).

Die Funktion v(t) gibt die momentane Geschwindigkeit des Rennfahrers zu einem bestimmten Zeitpunkt im Zeitintervall [0; 10] an.

Kreuzen Sie die beiden zutreffenden Aussagen an!

A	Die Momentangeschwindigkeit zum Zeitpunkt t = 5 lässt sich durch $\frac{v(10) - v(0)}{10}$ berechnen.	☐
B	Die mittlere Geschwindigkeit im Zeitintervall [0; 10] lässt sich durch $\frac{v(10) - v(0)}{10}$ berechnen.	☐
C	Die Momentangeschwindigkeit zum Zeitpunkt t = 3 kann man durch $\lim\limits_{h \to 0} \frac{s(3 + h) - s(3)}{h}$ berechnen.	☐
D	Die mittlere Geschwindigkeit im Zeitintervall [0; 10] kann man durch $\frac{s(10) - s(0)}{10}$ berechnen.	☐
E	Die Momentangeschwindigkeit zum Zeitpunkt t = 5 lässt sich durch $\lim\limits_{t \to 5} \frac{s(t) - s(5)}{5}$ berechnen.	☐

Bei der Fahrt durch den Zielschuss nahm die Geschwindigkeit Peter Fills zunächst zu und ab einem bestimmten Zeitpunkt langsam wieder ab.

Ermitteln Sie den Zeitpunkt, ab dem die Geschwindigkeit wieder abnahm nach dem oben angegebenen Modell!

M **3. Proportionaler Satz von Schmalenbach**

Der sogenannte proportionale Satz von Schmalenbach beschreibt in der Wirtschaftsmathematik den mittleren Kostenzuwachs pro Mengeneinheit für die Produktion einer bestimmten Ware. Seine Berechnung lässt Rückschlüsse auf den Verkaufspreis der Ware zu.

Ein Betrieb arbeitet mit der Kostenfunktion K, die durch die Funktionsgleichung $K(x) = -0{,}0006 \cdot x^3 + 0{,}07 \cdot x^2 + 0{,}9 \cdot x + 50$ gegeben ist. Dabei bedeutet x die Menge der produzierten Stückzahl der Ware. Die folgende Abbildung zeigt den Graphen der Funktion K im Intervall [0; 75].

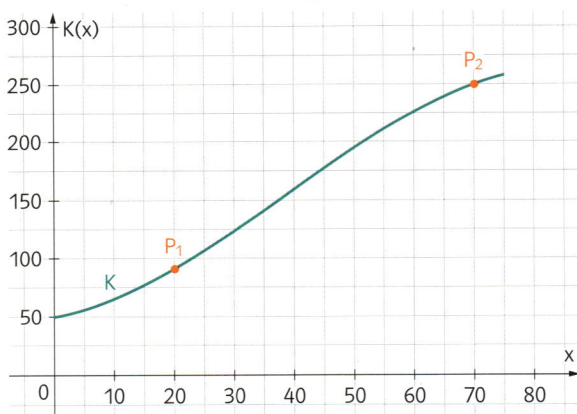

Aufgabenstellung:

A a) Bestimmen Sie den proportionalen Satz von Schmalenbach für die Kostenfunktion K im Intervall [20; 70]!

Die Kostenfunktion verläuft im Intervall [0; 75] annähernd linear. Geben Sie die Funktionsgleichung für ein lineares Modell an, das die Kosten dieses Betriebes im Intervall [0; 75] näherungsweise beschreibt! Verwenden Sie dafür die Punkte P_1 und P_2 in der obigen Graphik!

b) Der proportionale Satz von Schmalenbach kann auch für eine bestimmte Stückzahl der Produktion angewandt werden. Geometrisch gesehen verwendet man dann statt der Steigung der Sekante an die Kostenfunktion in einem Intervall die Steigung der Tangente in einem Punkt.

Der proportionale Satz von Schmalenbach beträgt im Intervall [30; 60] etwa 3,42. Stellen Sie eine Gleichung auf, mit der man in diesem Intervall jene Stückzahl x berechnen kann, für die der proportionale Satz von Schmalenbach auch den Wert 3,42 hat!

Berechnen Sie diese Stückzahl!

c) Der proportionale Satz von Schmalenbach kann herangezogen werden, um einen minimalen Verkaufspreis für die Ware festzulegen, wobei die Fixkosten der Produktion unberücksichtigt bleiben.
Begründen Sie mit mathematischen Argumenten, dass der Verkaufspreis einer Ware bei einer linearen Kostenfunktion nicht unter dem proportionalen Satz von Schmalenbach liegen sollte!

Man spricht von einer Kostendegression, wenn der Kostenzuwachs bei einer Erhöhung der produzierten Stückzahl immer kleiner wird. Man spricht von einer Kostenprogression, wenn der Kostenzuwachs bei einer Erhöhung der produzierten Stückzahl immer größer wird.
Bei der vorliegenden Kostenfunktion gibt es eine Stelle x, an der das Wachstum der Kostenfunktion von einem progressiven in einen degressiven Verlauf umschlägt. Verwenden Sie die Differentialrechnung, um diese Stelle zu berechnen!

M   **4. Crown And Anchor**

Das Spiel „Crown And Anchor" („Krone und Anker") ist ein einfaches Würfelspiel mit drei Würfeln, das im 18. Jahrhundert von britischen Seeleuten gerne gespielt wurde. Die drei Würfel zeigen nicht die Zahlen von 1 bis 6, sondern sechs Symbole: eine Krone, einen Anker und die vier Kartensymbole Karo, Pik, Kreuz und Herz. Diese Symbole sind auch auf einem Spielplan abgebildet.

Die Spieler wetten auf ein Symbol, indem sie Münzen auf den Spielplan legen. Anschließend werfen sie die drei Würfel.
Erscheint das Symbol, auf das sie gewettet haben, auf keinem der Würfel, ist der Einsatz verloren. Wenn das richtige Symbol auf mindestens einem der Würfel erscheint, bekommen sie ihren Einsatz plus ihren Einsatz multipliziert mit der Anzahl der erschienenen richtigen Symbole ausbezahlt.

Aufgabenstellung:

A **a)** Ein Seefahrer setzt auf „Anker". Berechnen Sie die Wahrscheinlichkeit, dass das Symbol „Anker" auf mindestens zwei Würfeln erscheint!
Erklären Sie, was der Ausdruck $\binom{3}{1}$ in der Rechnung $\binom{3}{1} \cdot \left(\frac{1}{6}\right)^1 \cdot \left(\frac{5}{6}\right)^2$ bedeutet!

b) Ein Seefahrer setzt ein Pfund auf „Krone". Die Zufallsvariable X beschreibt den Gewinn bzw. Verlust des Seefahrers in Pfund bei einer Runde von „Crown And Anchor".
Erstellen Sie eine Tabelle für die Wahrscheinlichkeitsfunktion der Zufallsvariablen X und berechnen Sie ihren Erwartungswert!

X				
P(X)				

Ist der Erwartungswert für ein Spiel null, so kann man das Spiel als „fair" bezeichnen. Bei den oben beschriebenen Modalitäten ist das Spiel „Crown And Anchor" nicht fair. Um es fair zu machen, soll der Betrag, den man für ein dreifaches Erscheinen des gesetzten Symbols erhält, angepasst werden.
Berechnen Sie, welchen Betrag man für ein dreifaches Erscheinen des Symbols „Krone" bei einem Einsatz von einem Pfund erhalten muss, damit man „Crown And Anchor" als „faires" Spiel bezeichnen kann!
Runden Sie das Ergebnis auf Ganze!

c) Die Wahrscheinlichkeit bei einer Runde „Crown And Anchor" zu gewinnen beträgt etwa 42 %.
Ein Seefahrer spielt im Laufe einer Reise 500 Runden. Geben Sie eine Formel für die Wahrscheinlichkeitsverteilung an, mit der man die Wahrscheinlichkeiten berechnen kann, von 500 Runden r mal einen Gewinn zu erzielen und begründen Sie Ihre Antwort!

Ermitteln Sie die Anzahl der Runden, die der Seefahrer spielen müsste, damit die Wahrscheinlichkeit bei 300 Runden einen Gewinn zu erzielen mindestens 90 % beträgt!
Verwenden Sie die Approximation der Binomialverteilung durch die Normalverteilung!

Lösungen

1 Stammfunktionen

1. a) A, B, C, E   b) A, C, E

2. A, B, C, D, G, H

3. a) $x + c$ b) $\frac{x^{\pi+1}}{\pi+1} + c$ c) $\frac{x^{1\,000\,001}}{1\,000\,001} + c$

d) $\frac{x^{-2}}{-2} + c = -\frac{1}{x^2} + c$ e) $\frac{417}{656} \cdot x^{\frac{656}{417}} + c$

f) $\frac{1000}{239} \cdot x^{\frac{239}{1000}} + c$ g) $\frac{x^{n+3}}{n+3} + c$ h) $\frac{x^{n-2}}{n-2} + c$

4. a) $k \cdot x + c$ b) $s \cdot x + t \cdot x + c = x \cdot (s + t) + c$

c) $\pi \cdot x + c$ d) $\frac{3^x}{\ln(3)} + c$ e) $\frac{1{,}2^x}{\ln(1{,}2)} + c$ f) $\frac{\left(\frac{5}{8}\right)^x}{\ln\left(\frac{5}{8}\right)} + c$

5. a) $F(x) = \frac{x^4}{4} + \frac{2x^3}{3} - \frac{5x^2}{2} + 7x + c$

b) $F(x) = \frac{5x^8}{8} + \frac{3x^5}{5} - x^2 + c$ c) $F(x) = c$

6. z. B. $F(x) = \frac{7x^{m+1}}{m+1} - \frac{5x^{n-2}}{n-2} + \frac{2x^{j+2}}{j+2} + px + 1$

$F(x) = \frac{7x^{m+1}}{m+1} - \frac{5x^{n-2}}{n-2} + \frac{2x^{j+2}}{j+2} + px + 2$

$F(x) = \frac{7x^{m+1}}{m+1} - \frac{5x^{n-2}}{n-2} + \frac{2x^{j+2}}{j+2} + px + 3$

7. A K, M F, B I, E S, C Q, J P, G O, T H, D R

8. $\int (f(x) - g(x))\,dx = \int (3x^{n+3} - 5x^n)\,dx = \frac{3x^{n+4}}{n+4} - \frac{5x^{n+1}}{n+1} + c$

$\int f(x)\,dx - \int g(x)\,dx = \int (5x^{n+3} - 4x^n)\,dx - \int (2x^{n+3} + x^n)\,dx =$

$= \frac{5x^{n+4}}{n+4} - \frac{4x^{n+1}}{n+1} - \left(\frac{2x^{n+4}}{n+4} + \frac{x^{n+1}}{n+1}\right) = \frac{3x^{n+4}}{n+4} - \frac{5x^{n+1}}{n+1} + c$

9. 1 F, 2 E, 3 D, 4 B

10. $f(x) = x^3 - 27x + 54$

11. $f(x) = 0{,}125\,(x^3 - 15x^2 + 63x - 49)$

12. 1) $s_1(t) = 4t^2 + c$; Diese Funktion gibt den zurückgelegten Weg im gegebenen Intervall an.
2) $s(t) = 4t^2 + 2$
3) 96 $\Rightarrow$ In diesem Intervall wurden 96 m zurückgelegt.

13. 1) $A(t) = 50 \cdot e^{0{,}3465\,t} + c$
2) $A(t) = 50 \cdot 1{,}41^t$
3) Am Beginn der Beobachtung waren 50 Bakterien vorhanden. Diese vermehren sich um ca. 41% pro Stunde.
4) 212,03   In dieser Zeitspanne kamen ca. 212 Bakterien dazu.

14. a)

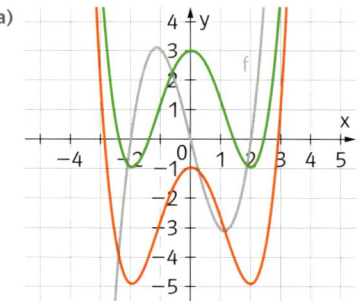

b)

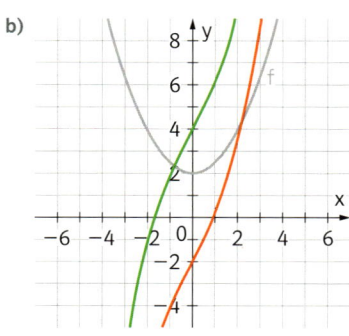

15. A, C, E

16. A, D

17. A, D, E

18. A, C, E

19. a) $\int (2x - 4)^{11}\,dx = \frac{(2x - 4)^{12}}{24} + c$

$u = 2x - 4$ $u' = 2$ $dx = \frac{du}{2}$

b) $\int (5x - 1)^3\,dx = \frac{(5x - 1)^4}{20} + c$

$u = 5x - 1$ $u' = 5$ $dx = \frac{du}{5}$

c) $\int \frac{1}{(4x - 5)^2}\,dx = -\frac{1}{16x - 20} + c$

$u = 4x - 5$ $u' = 4$ $dx = \frac{du}{4}$

20. 1) $\frac{x^2}{2} e^x - \int \frac{x^2}{2} e^x\,dx + c$ Diese Methode könnte man immer weiter fortsetzen und würde nie ein integralfreies Ergebnis erhalten, da das Integral von f nie wegfällt.
2) $e^x \cdot x - e^x + c$

21. a) C, D
b) $V(T) = \frac{2{,}5}{T}$ 0,417 Liter

2 Der Hauptsatz der Differential- und Integralrechnung

22. a) 1)

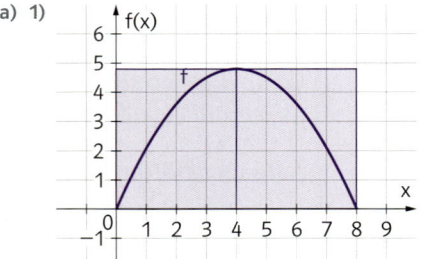

2)

3)

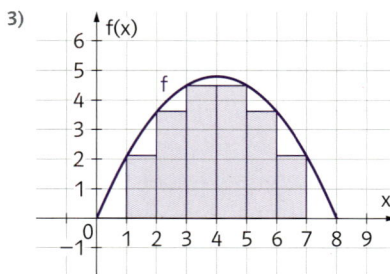

b) $f(0) = 0$ $f(1) = 2{,}1$ $f(2) = 3{,}6$ $f(3) = 4{,}5$
$f(4) = 4{,}8$ $f(5) = 4{,}5$ $f(6) = 3{,}6$ $f(7) = 2{,}1$
$f(8) = 0$
c) $O_2 = 38{,}4$ $O_4 = 33{,}6$ $U_8 = 20{,}4$
d) U_8 ist dem Flächeninhalt am nächsten, da hier die Unterteilung am feinsten ist.

23. C

24. $U_4 = 228$ $U_8 = 254$ $O_2 = 432$ $O_4 = 364$

25. $f(x) = 2x + 3$

26. 631

27. bestimmtes Integral, Obersummen, Untersummen, 3, 9, b, Integrand, Flächeninhalt

28. 1) 32; 48 2) 4,15; 4,9 3) 27,69; 30,94
4) 24,63; 27,74 Rufzeichen

29. B, D, E

30. $A = \int\limits_0^8 f(x)\,dx = 24$

31. A, B, C, E

32. a) 7,56 b) 25,74

33. 13,5

34. a) Nein Bei a gibt es im gegebenen Intervall negative Funktionswerte. Daher wird nicht der Flächeninhalt berechnet.
b) Ja
c) Ja

35. $\int\limits_0^4 f(t)\,dt$ ist das Volumen des in den ersten vier Tagen nach der Schneeschmelze zugeflossenen Wassers (in m³).

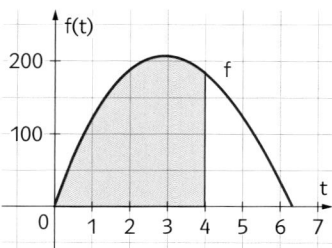

36. D

37. 1D, 2C, 3B, 4A

38. 1) −4 2) 4 3) 0
z.B. Das Ergebnis von 3) ist die Summe der Ergebnisse von 1) und 2).

39. 29,17 Nein, da f in diesem Intervall auch negative Funktionswerte annimmt.

40. $b = 2$

41. REZESSIV

42. a) 0 b) 0 c) 0

43. 1)

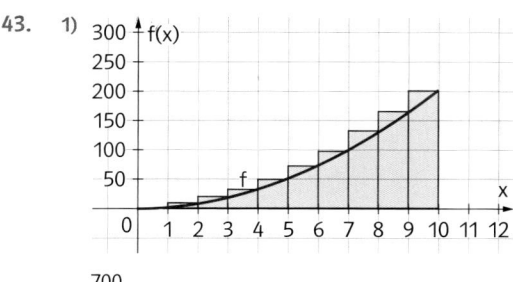

700

2)

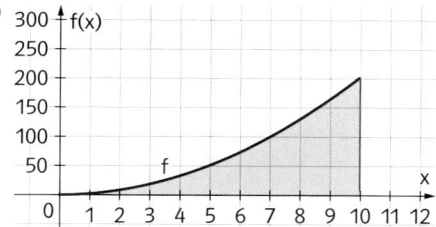

666,7

44. a) 101,75 b) 67,7

45. $A = \int\limits_{-2}^{0} f(x)\,dx - \int\limits_{0}^{1} f(x)\,dx = \int\limits_{-2}^{0} f(x)\,dx + \left|\int\limits_{0}^{1} f(x)\,dx\right|$

46. A, C

47. B, C

48. 1D, 2E, 3C, 4A

49. 12

50. a) z.B. $\int\limits_{-3}^{-2} f(x)\,dx - \int\limits_{-2}^{1} f(x)\,dx$

b) z.B. $\int\limits_{-3}^{0,7} g(x)\,dx - \int\limits_{0,7}^{1} g(x)\,dx$

c) z.B. $\int\limits_{-3}^{1} (g(x) - f(x))\,dx$

d) z.B. $-\int\limits_{-2}^{2} f(x)\,dx$

e) z.B. $\int\limits_{-2}^{0,7} g(x)\,dx - \int\limits_{0,7}^{2} g(x)\,dx$

f) z.B. $\int\limits_{-2}^{1} (g(x) - f(x))\,dx + \int\limits_{1}^{2} (f(x) - g(x))\,dx$

51. $\int\limits_{-2}^{1} (g(x) - f(x))\,dx$

52. SOS

53. 1) $(0\,|\,0)$, $w(x) = -4x$ 2) 0 Da die Funktion eine ungerade Funktion ist, gilt: $\int\limits_{-1}^{0} f(x)\,dx = -\int\limits_{0}^{1} f(x)\,dx$ 3) 0,5

54. B, C, E

55. a) $-\dfrac{1}{8}$ b) −2

56. a) Die Variable t_1 gibt jenen Zeitpunkt an, bei dem das Motorrad denselben Weg zurückgelegt hat wie das Auto in den ersten 20 Sekunden.
b) ca. 36 Sekunden
c) Die markierte Fläche zeigt die Differenz des zurückgelegten Wegs zwischen dem Motorrad und dem Auto im Intervall [5,9; 50] (1187,7 m).

3 Weitere Anwendungen der Integralrechnung

57. 1C, 2A, 3E

58. a) 1) $A = (-9 \mid 0)$ $B = (9 \mid 0)$ 2) $y^2 = \frac{49}{81}(81 - x^2)$

3) $V = 2\pi \cdot \int\limits_0^9 \frac{49}{81}(81 - x^2)\,dx = 588\,\pi$

b) $V = 756\,\pi$

59. 1) $\approx 9,82\,cm$

2) Die Behauptung ist falsch, er spart 562 ml.

3) $\approx 16\,dag$

60. Die Läuferin legt in den 6 Sekunden 36 m zurück.

61. C

62. nach 2,5 Sekunden

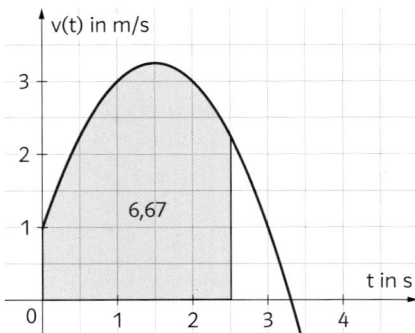

63. A, B, C

64. ENERGIE

65.

a)

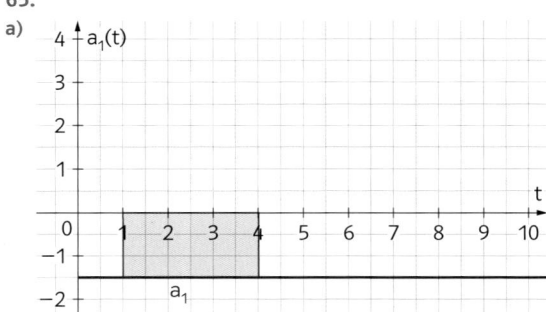

b)

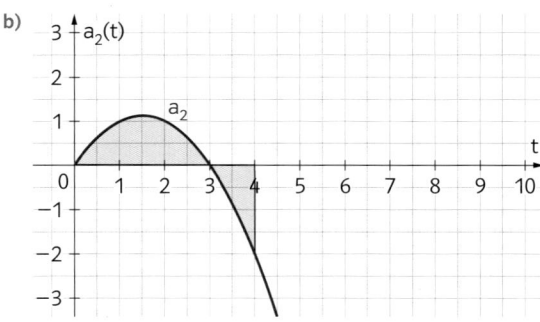

66. 1) 27,64 s   2) 120,6 m/s   3) 2303,36 m

67. Der Ausdruck beschreibt die Arbeit, die verrichtet wird, wenn die Feder aus der Ruhelage um 60 mm gedehnt wird

68.

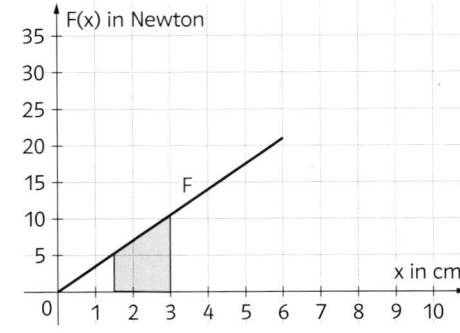

69. Feder 1

70. Der Ausdruck beschreibt die Arbeit, die die Maschine in 7,5 Stunden geleistet hat.

71. 50 MJ

72. TAKT

73. Der Ausdruck gibt an, um wie viel Millimeter sich der Durchmesser der Druse im Intervall [4 Jahre; 7 Jahre] verändert hat.

74. A, C

75. 583,33 GE

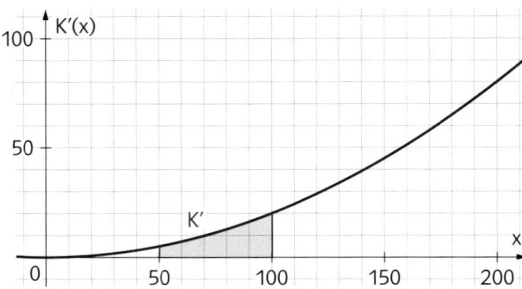

76. $K(x) = -0,1 x^2 + 40 x + 800$

77. Der Gewinn des Betriebs wird gesteigert, da $\int\limits_4^6 g(x)\,dx$ positiv ist.

78. Da die Änderung des Gewinns $-6,75$ ist, führt die Erhöhung der abgesetzten Menge von 5 ME auf 8 ME zu einer Reduktion des Gewinns.

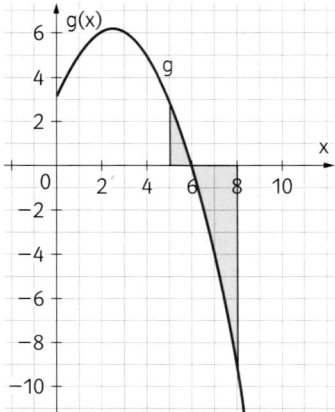

79. a) E   b) 40 Sekunden   c) ca. 27 m³

4 Dynamische Systeme

80. B

81. $a = -4$ $b = 7$

82. $y_{n+1} - y_n = 16$

83. (1) $a = 1$ (2) $y_n = y_0 + n \cdot b$

84. $y_{n+1} = y_n - 0{,}5$ $y_n = -0{,}5n + 4$

85. a) $y_0 = 900$ $y_{n+1} = \frac{1}{3} \cdot y_n$

b) $y_n = \left(\frac{1}{3}\right)^n \cdot 900$ $y_2 = 100$

86. $y_{n+1} - y_n = 0{,}4 \cdot y_n$ $y_{n+1} = 1{,}4 \cdot y_n$

87. A, D

88. $A(t+1) - A(t) = k \cdot A(t)$

89. C, D

90. $y_{n+1} - y_n = 0{,}1815 \cdot (2\,000 - y_n);$
$y_{n+1} = 0{,}8185 \cdot y_n + 363$

91. a) $W = 2\,000$ b) $a = 0{,}8$ c) $b = 780$

92. ROULETTE

93. a) $y(t) = 10\,t + 4$ b) $y(t) = -1$
c) $y(t) = 7\,t + 6$ d) $y(t) = -1{,}3\,t + 6{,}7$

94. (1) $y'(t) = c \cdot y(t)$ (2) $y(t) = y_0 \cdot e^{c \cdot t}$

95. a) $y(t) = e^{4 \cdot t}$ b) $y(t) = -2 \cdot e^{1{,}4 \cdot t}$
c) $y(t) = 10 - 5 \cdot e^{-3 \cdot t}$ d) $15 - 13 \cdot e^{-t}$

96. $y(t) = -0{,}9\,t + 7$ $y(5) = 2{,}5\,cm$

97. a) $y'(t) = 20$ $y(t) = 20 \cdot t$
b) $1\,200\,l$
c) $2\,500\,min$ (≈ 42 Stunden)

98. a) $y'(t) = 0{,}12\,y(t)$ $y(t) = 1\,300 \cdot e^{0{,}12\,t}$
b) Das geschieht nach ungefähr 6 Jahren.
c) ungefähr $4\,316{,}15\,€$

99. a) Proportionalitätsfaktor … $1{,}38628$;
$y_0 = 0{,}05\,m$ $y'(t) = 1{,}38628 \cdot y(t)$
b) $y(t) = 0{,}05 \cdot e^{1{,}38628 \cdot t}$
c) $t \approx 144$ Monate

100. $y'(t) = 0{,}36 \cdot (37 - y(t))$ $y(t) = 37 - 38 \cdot e^{-0{,}36\,t}$

101. a) $m = \frac{5}{149}$ $y'(t) = \frac{5}{149} \cdot (30 - y(t))$
b) $y(t) = 30 - 29{,}8 \cdot e^{-\frac{5}{149}t}$ c) $t \approx 3{,}25$ Jahre

102. a)

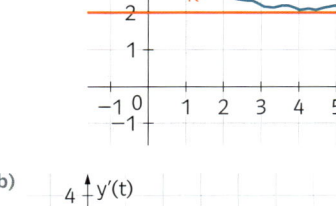

b)

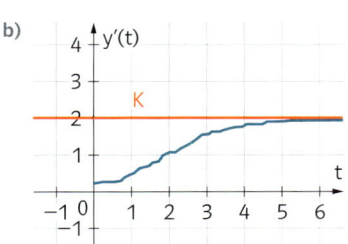

103. $f'(t) = \dfrac{-W \cdot b \cdot e^{-W \cdot k \cdot t}(-W \cdot k)}{(1 + b \cdot e^{-W \cdot k \cdot t})^2} = \dfrac{W \cdot W \cdot k \cdot b \cdot e^{-W \cdot k \cdot t}}{(1 + b \cdot e^{-W \cdot k \cdot t})^2} =$

$= \dfrac{W \cdot W \cdot k \cdot (1 + e^{-W \cdot k \cdot t} - 1)}{(1 + b \cdot e^{-W \cdot k \cdot t})^2} = \dfrac{k \cdot W \cdot (W \cdot (1 + e^{-W \cdot k \cdot t}) - W)}{(1 + b \cdot e^{-W \cdot k \cdot t})^2} =$

$= k \cdot \dfrac{W}{1 + b \cdot e^{-W \cdot k \cdot t}} \cdot \left(W - \dfrac{W}{1 + b \cdot e^{-W \cdot k \cdot t}}\right)$

d.h. $f'(t) = k \cdot f(t) \cdot (W - f(t))$

104. a) *Gleichsinnige Wirkung:* Eine Steigerung der schulischen Leistungen führt zu einer Steigerung des Selbstvertrauens. Umgekehrt führt mehr Selbstvertrauen oft auch zu einer Verbesserung der Leistungen. Vermehrte Inanspruchnahme von Nachhilfe führt in den meisten Fällen auch zu einer Verbesserung der Leistungen in der Schule. Mehr Selbstvertrauen kann zu einer vermehrten Inanspruchnahme von Nachhilfe führen, um den positiven Effekt von besseren Leistungen beizubehalten. Mehr Nachhilfe führt aber auch zu einer Steigerung der finanziellen Belastung.
Gegensinnige Wirkung: Bessere Leistungen in der Schule bzw. eine Zunahme der finanziellen Belastung führen oft zu einer Reduktion der Nachhilfe.
b) 1) *Eskalierende Rückkopplung:* Durch Nachhilfe verbessern sich die Schulleistungen. Dadurch wächst das Selbstvertrauen, wodurch man wiederum öfter zur Nachhilfe geht, um diesen Effekt beizubehalten. Bessere schulische Leistungen führen zu mehr Selbstvertrauen, was wieder zu besseren schulischen Leistungen führt.
2) *Stabilisierende Rückkopplung:* z.B. Die Nachhilfe ist meist kostenpflichtig. Daher steigt die finanzielle Belastung in den Familien. Wird die Belastung zu groß, muss die Nachhilfe reduziert werden. Steigen durch vermehrte Nachhilfe die Leistungen, führt dies oft zu einer Reduktion der Nachhilfestunden.

105. a)

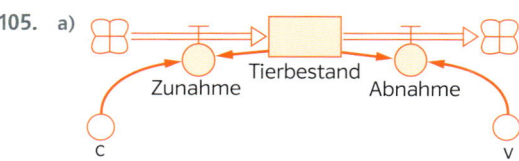

b) exponentielles Zu- bzw. Abnahmemodell

106. Bestandsgröße: Anzahl der Hasen
Flussraten: Zuwachs, Abnahme
Hilfsgrößen: Wachstumsgrenze, Freiraum, Wachstumsfaktor
Dem Zuwachs bei der Hasenpopulation pro Zeiteinheit liegt ein logistisches Wachstumsmodell zugrunde, der Abnahme ein lineares.
Der Hasenzuwachs erfolgt pro Zeiteinheit proportional zur vorhandenen Population und zum vorhandenen Freiraum, wohingegen sich pro Zeiteinheit die Anzahl der Hasen jeweils um denselben Wert verringert.

107. a) A
b) $s''(t) = -\omega^2 \cdot r \cdot \sin(\omega\,t + \varphi) \Rightarrow s'(t) = \omega \cdot r \cdot \cos(\omega\,t + \varphi)$
$\Rightarrow s(t) = r \cdot \sin(\omega\,t + \varphi)$
$g(t) = r \cdot \cos(\omega\,t + \varphi_1) \Rightarrow$
$g'(t) = -\omega \cdot r \cdot \sin(\omega\,t + \varphi_1) \Rightarrow$
$g''(t) = -\omega^2 \cdot r \cdot \cos(\omega\,t + \varphi_1) = -\omega^2 \cdot g(t)$
$k(t) = r_1 \cdot \sin(\omega\,t + \varphi_2) + r_2 \cdot \cos(\omega\,t + \varphi) \Rightarrow$
$k'(t) = \omega \cdot r_1 \cdot \cos(\omega\,t + \varphi_2) - \omega \cdot r_2 \cdot \sin(\omega\,t + \varphi) \Rightarrow$
$k''(t) = -\omega^2 \cdot r_1 \cdot \sin(\omega\,t + \varphi_2) - \omega^2 \cdot r_2 \cdot \cos(\omega\,t + \varphi) =$
$\quad = -\omega^2 \cdot k(t)$
c) $s(t) = 2\,\pi \cdot \sin(4\,\pi\,t)$

5 Stetige Zufallsvariablen

108. (1), (5), (6), (7), (9)

109. A, C, E

110. 1C, 2A, 3E, 4F

111. 1) $f(x) = \begin{cases} 0; & x < 1 \\ (x-1)^2; & 1 \le x \le 2 \\ -0,75x + 2,5; & 2 \le x \le 3\frac{1}{3} \\ 0; & x > 3\frac{1}{3} \end{cases}$

2)

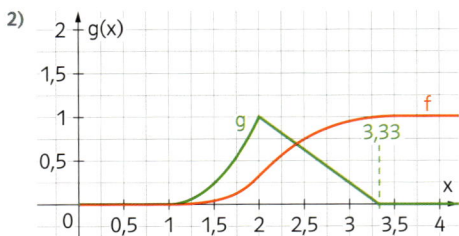

3) (1) ≈ 0,0417   (2) ≈ 0,958   (3) ≈ 0,917   (4) ≈ 0,406

4) (1)

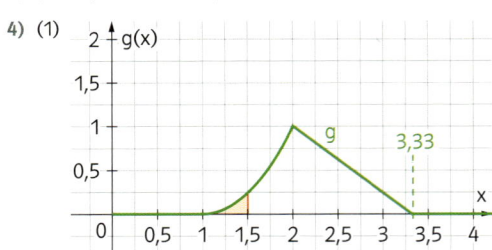

(2)

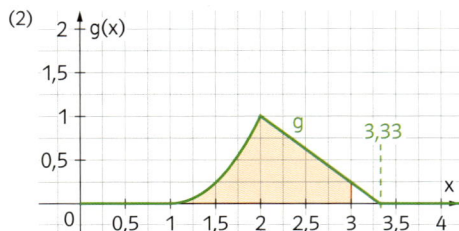

(3)

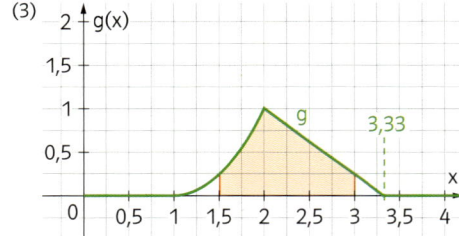

(4)

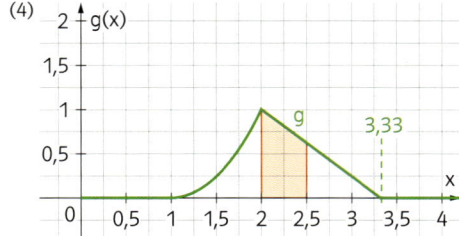

112. a) (1)

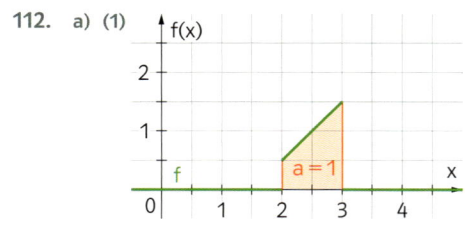

Da $\int_{-\infty}^{\infty} f(x)\,dx = 1$ ist und alle Funktionswerte ≥ 0 sind, handelt es sich um eine Dichtefunktion.

$\mu = 2,58$ $\sigma \approx 0,076$

b) $\mu = 6,67$ $\sigma \approx 0,62$

113. a) $f(x) = \begin{cases} 0; & x < 6 \\ 0,25x - 1,5; & 6 \le x \le 8 \\ 2,5 - 0,25x; & 8 < x \le 10 \\ 0; & x > 10 \end{cases}$ $\mu = 8$ $\sigma = \frac{2}{3}$

b) D

114. a) $P(X \le a) = \begin{cases} \frac{1}{2\pi}; & \text{falls } x \in [0; 2\pi] \\ 0 \text{ sonst} \end{cases}$;

$f(x) = \begin{cases} \frac{1}{2\pi}; & \text{falls } x \in [0; 2\pi] \\ 0 \text{ sonst} \end{cases}$

b) $a = 1,5; \mu = \frac{5}{8}$ c) A, C, D

6 Normalverteilte Zufallsvariablen

115. ALO, BHQ, CJR, DIP, EKN, FGM

116. a) 0,0228

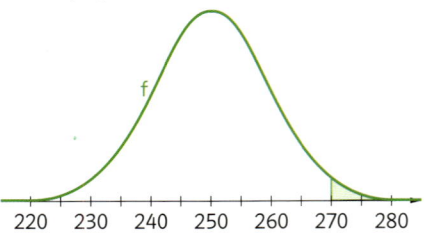

b) 0,6827

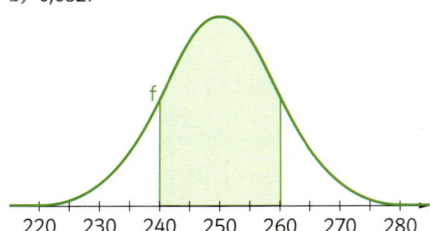

117. a) $P(X \ge 24) = 0,2119$

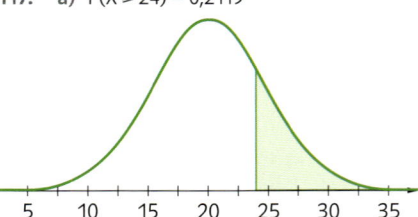

b) $P(15 \le X \le 24) = 0,6295$

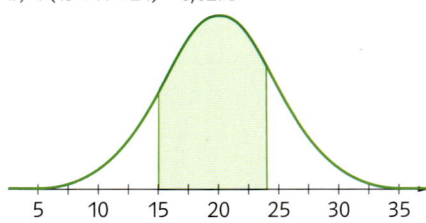

c) $P(X \le 24) = 0,7881$

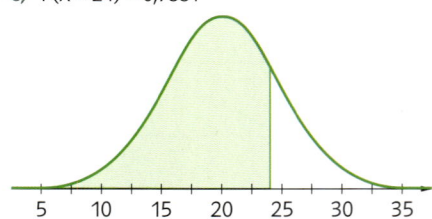

d) $P(X \geq 20) = 0,5$

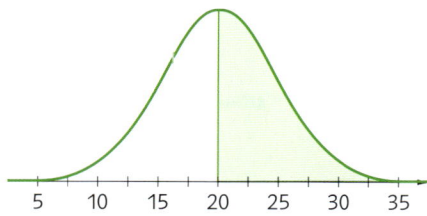

e) $P(X \leq 15) = 0,1587$

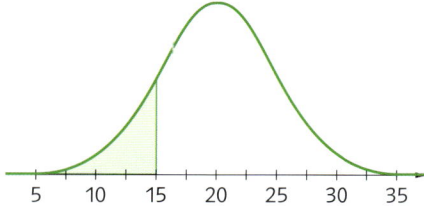

f) $P(X < 10 \text{ oder } X > 30) = 0,0455$

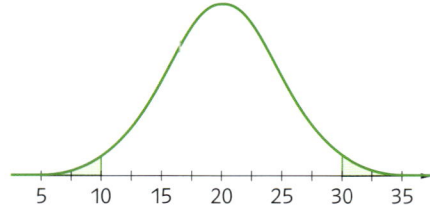

118. **a)** A, C   **b)** A, C

119. A, B, E

120. **a)** 31,7 % der befüllten Marmeladegläser wiegen weniger als 248,5 g oder mehr als 251,5 g.
b) 0,15 % der befüllten Marmeladegläser wiegen mehr als 254,5 g.
c) 99,7 % der befüllten Marmeladegläser liegen im Intervall [245,5; 254,5].
d) 2,3 % der befüllten Marmeladegläser wiegen weniger als 247 g.

121. 1 C, 2 D, 3 F, 4 A

122. STEAKESSEN

123. (1) −1   (2) das Krümmungsverhalten

124. 1 C, 2 A, 3 F, 4 E

125. **a)** 0,25249   **b)** 0,7248   **c)** 0,0912
d) 0,0038   **e)** 0,0912

126. 1 B, 2 D, 3 A, 4 C

127.

$P(X \leq 50)$	$\Phi(1,25) - \Phi(0,42)$	$P(60 \leq X \leq 80)$	$1 - \Phi(2,08)$
$\Phi(0,42) - \Phi(-0,83)$	$F(X \geq 90)$	0,4592	0,10565
0,0186	0,559	$\Phi(-1,25)$	$P(55 \leq X \leq 70)$

128. WORKSHOP

129. 530,8 g

130. 1) 0,608 cm   2) 0,608 cm

131. C, D, E

132. 1), 2), 4), 5), 7), 8)

133. [165; 213]

134. $\sigma = 12,16$; $P(X \leq 130) = 0,05$

135. 1) Ja   2) Ja   3) Nein   4) Nein

136. C, D

137. **a)** t = 61,07

b) $0,95 = P(x_1 \leq \mu \leq x_2) = \Phi(z_2) - \Phi(z_1)$, wobei $x_1 = \mu - \varepsilon$
und $x_2 = \mu + \varepsilon$, $z_1 = \frac{x_1 - \mu}{\sigma} = -k$ und $z_2 = k \Rightarrow$
$\Rightarrow \Phi(k) - \Phi(-k) = 0,95$

c) Die Wahrscheinlichkeit, dass die Zufallsvariable X zwischen den Werten x_1 und x_3 liegt, sieht man bei der Normalverteilung als Flächeninhalt unter dem Graphen der Normalverteilungsfunktion. Die Wahrscheinlichkeit bei der Binomialverteilung ist die Summe der Flächeninhalte der Rechtecke mit der Breite 1. Berechnet man das Integral zwischen x_1 und x_3 mit der Normalverteilung, ist der Flächeninhalt im Vergleich zur Binomialverteilung zu klein. Durch Erweiterung der Grenzen um 0,5 wird die Näherung der Binomialverteilung durch die Normalverteilung besser.
$P(48 \leq X \leq 56) \approx 0,47902$

7 Schließende und beurteilende Statistik

138. HOME

139. [0,37; 0,47]

140. [0,75; 0,83]

141. LACHSE

142. [0,42; 0,50]

143. 1 C, 2 A, 3 F, 4 E

144. C, D, E

145. Die Sicherheit beträgt 99 %.

146. 1 E, 2 B, 3 D, 4 A

147. Institut A hat mit ca. 97 % die größere Sicherheit (B: ≈ 82 %)

148. Man sollte mindestens 4 145 Personen befragen.

149. 9 604 Personen

150. A 6, B 2, C 4, D 1, E 3, F 5, G 7

151. Das Institut kann die Behauptung der Hersteller verwerfen. $H_0: p_0 = 0,9$ $H_1: p_1 < 0,9$ $\alpha = 0,05$

152. Die Behauptung kann verworfen werden.

153. Man kann nicht annehmen, dass sich die Wirksamkeit verändert hat.

154. **a)** [24,8 %; 33,8 %]

b) 2 198

c) Je größer die Sicherheit ist, desto breiter wird das Konfidenzintervall. Bei wachsendem Stichprobenumfang wird das Konfidenzintervall schmäler.

d) $f(h) = h \cdot (1 - h) = h - h^2 \Rightarrow f'(h) = 1 - 2h = 0$ bei $h = 0,5$
$f''(h) = -2 < 0 \Rightarrow h = 0,5$ ist Maximum

e) A B C D

Semestercheck 7. Semester (Kapitel 1 – Kapitel 7)

155. (1) $f(x) = \frac{1}{4} \cdot (x^2 - x + 7)$

(2) $F(x) = \frac{1}{24} \cdot (2x^3 - 3x^2 + 42x)$

156. $T(t) = 17 + 75\,e^{-0,4t}$

157.

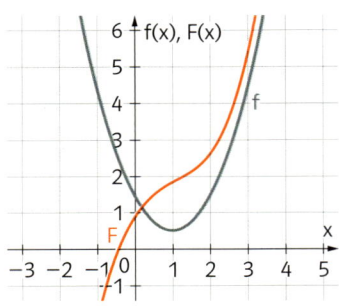

158. $U = \frac{a}{5} \cdot (f(x_1) + f(x_2) + f(x_3) + f(x_4) + f(a))$

159. A, D, E

160. z.B. $b = 5$

161. A, D

162. a) $p(x) = -\frac{x^2}{16} + 4$ b) $V = 340{,}1$ Liter

163. a) $\int_0^{10} v(t)\,dt = 70$ Das ist der Weg (in km), den der Läufer in 10 Stunden zurücklegt.
b) $v'(t) = -2{,}5\,\text{km/h}^2$

164. Das ist die Arbeit, welche man verrichten muss, um die Feder von 2 auf 4,5 cm zu dehnen.

165. 24,69 cm

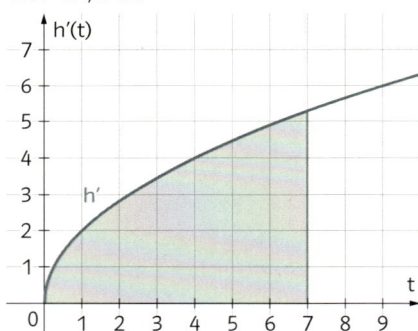

166. (1) $\int_{50}^{100} K'(x)\,dx$ (2) Änderung der Gesamtkosten

167. $K(x) = 0{,}001x^3 - x^2 + 340x + 9\,000$

168. a) $y_{n+1} - y_n = 0{,}12\,y_n$ b) ungefähr 9 cm

169. $s = 1$ $t = 3$

170. $y(t) = -3 \cdot e^{4x}$

171. 1: eskalierende Rückkopplung 2: eskalierende Rückkopplung   3: eskalierende Rückkopplung

172. a) diskrete Zufallsvariable Anzahl der Personen abzählbar
b) stetige Zufallsvariable nichtabzählbare Menge

173. B

174. a) 2,15   b) $\approx 0{,}66$

175.

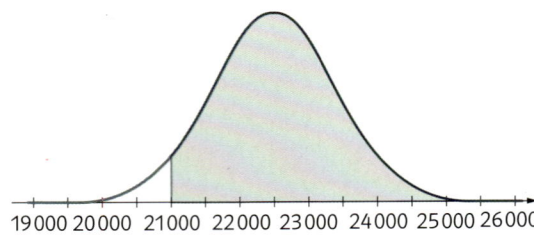

$\mu = 22\,500$ $\sigma = 900$
$P(21\,000 \leq X \leq 27\,000) = 0{,}9522$

176. [288; 331]

177. A, C, D

178. News: $\approx 0{,}55$ Now: $\approx 0{,}32$

179. Die Annahme der Alternativhypothese bedeutet nicht, dass die Alternativhypothese sicher richtig ist. Es heißt lediglich, dass man sich höchstens mit der Wahrscheinlichkeit α irrt, wenn man die Hypothese H_1 annimmt.

180. Die Nullhypothese kann nicht verworfen werden, da $P(X \leq 19) = 0{,}23$ und damit größer als 0,05 ist.

Probematura 1

Teil 1

1. C, D, E

2. 1 B, 2 A, 3 F, 4 D

3. 1) halbiert   2) verachtfacht

4. $p = 7{,}5$ $q = -45$

5. 1500 ME

6. A, B, D, E

7. (1) parallel zueinander
(2) $\vec{h} = c \cdot \vec{g}$ mit $c \in \mathbb{R}\backslash\{0\}$ und $G \notin h$

8. 333,43°

9. x-Achse: 6; y-Achse: 10

10. A

11. A, B, E

12. f

13. C, D

14. (1) $y_{n+1} = y_n + k$ (2) $k > 0$

15. A, E

16. g ist Stammfunktion von f, da f eine Funktion 4. und g eine Funktion 5. Grades ist. Weiters gilt: $g' = f$.

17. B, C, E

18. Das ist der Weg, den das Auto in den ersten 50 Sekunden zurücklegt.

19.

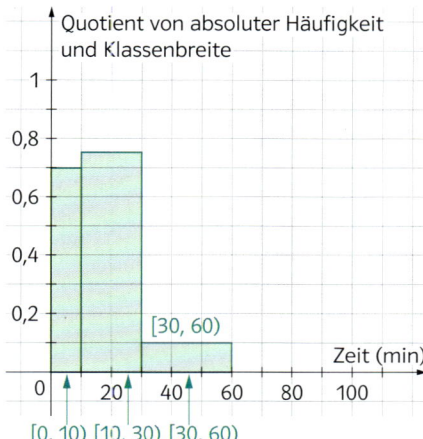

Quotient von absoluter Häufigkeit und Klassenbreite

[0, 10) [10, 30) [30, 60)

20. Median: 182 cm

21. 0,885

22. 1 F, 2 D, 3 C, 4 A

23. A, B, D

24. 1 F, 2 C, 3 E, 4 A

Teil 2

1. **a)** $I(d) = 15 \cdot e^{-0,019254088 \cdot d}$; rund 84 km
b) $I'(d) = \ln(b) \cdot I_0 \cdot b^d$ mit dem Proportionalitätsfaktor $\ln(b)$.
$I''(d) = (\ln(b))^2 \cdot I_0 \cdot b^d$. $I'(d)$ ist kleiner als null, weil $\ln(b)$ für $0 < b < 1$ kleiner als null ist. $I''(d)$ ist größer als null, weil $(\ln(b))^2$ größer als null ist. Somit gilt: $I'(d) < 0$ und monoton steigend, was bedeutet, dass die Abnahme der Lichtintensität immer geringer wird.
c) Die Behauptung ist falsch, weil sich die Prozentzahlen auf unterschiedliche Grundwerte beziehen. Differenzen zwischen Prozenten kann man nur bilden, wenn sie sich auf denselben Grundwert beziehen. Ansonsten müsste man von „Prozentpunkten" sprechen.
Die Zahl 1,3212 bedeutet, dass die Anzahl der inaktiven Haushalte zwischen 2010 und 2015 im Mittel um 32 % zunimmt.
d) Der Median der Datenliste liegt zwischen 6 und 16 Mbit/s. Für das arithmetische Mittel ist eine solche Vorhersage nicht möglich, weil z. B. die Download-Geschwindigkeiten der 2,9 %, die mit über 50 Mbit/s surfen, so hoch sein könnte, dass das arithmetische Mittel über 16 Mbit/s beträgt.

2. **a)** $\alpha = 13,45°$; $H = (4182 \mid 1000)$
b) Maximale Gewichtskraft = 813 506 N.
Der Ausdruck beschreibt die momentane Änderungsrate der Gewichtskraft pro m² im Intervall [0; 100].
c) $E = 18360 \cdot \Delta T \cdot V + 3063366 \cdot V$
Das Volumen ist bei konstanter Temperaturveränderung ΔT zur Energie E direkt proportional, weil $18360 \cdot \Delta T \cdot V + 3063366 \cdot V = (18360 \cdot \Delta T + 3063366) \cdot V$. Der Proportionalitätsfaktor ist $(18360 \cdot \Delta T + 3063366)$.

3. **a)** Die Anzahl der Tore ist binomialverteilt, weil es nur zwei mögliche Teams gibt, die ein Tor erzielen können und weil die Wahrscheinlichkeit, das nächste Tor zu schießen für jeden Spielstand mit p angenommen wird.
$P(X = 3) = 0,2304$

b) A gewinnt das Spiel, falls $k > \frac{n}{2}$ ist.
Falls n ungerade ist, ist $P_n = 0$.
Falls n gerade ist, ist $P_n = \binom{n}{\frac{n}{2}} \cdot p^{\frac{n}{2}} \cdot q^{\frac{n}{2}}$.

c) P(A gewinnt) = 0,6875 = 68,75 %
Es werden 120 Körbe geworfen, also hat Team A gewonnen, wenn es mindestens 61 Körbe wirft. Die Wahrscheinlichkeit dafür ist nach der ersten Frage 0,6875.
Also $P(X > 61) = 0,6875$. Mit dem Wahrscheinlichkeitsrechner oder der Tabelle erhält man $z = -0,49$. Jetzt löst man die Gleichung $-0,49 = \frac{61 - 120p}{\sqrt{120p(1-p)}}$ nach p und erhält 0,5307.

4. **a)** $\frac{4}{368} \approx 0,01087$ m/min; 22:33 Uhr
b) 2,90 m; $k = \frac{H}{6}$

Probematura 2

Teil 1

1. A, B, D

2. $G = \frac{3}{2} \cdot B + 1$

3. $u = 4 \cdot v$

4. A, E

5. z. B. h: $X = \begin{pmatrix} 4 \\ -1 \end{pmatrix} + t \cdot \begin{pmatrix} 3 \\ 8 \end{pmatrix}$

6. Ist $r = -8$, so sind g und h parallel (und verschieden).

7. AB = 82,47 m

8. A, D

9. a = 4, b = 8

10.

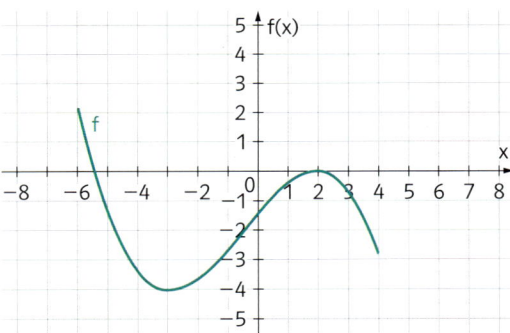

11. $N(t) = 24 \cdot 0,75^t$

12. 1 D, 2 A, 3 E, 4 C

13. B

14. $D = -\frac{1}{3}$

15. A, D

16. $F(x) = -x^2 + 3x - 3$

17. Der Ausdruck gibt die Arbeit an, die der Motor in den ersten zehn Sekunden verrichtet.

18. B, E

19. A, C

20. 1 E, 2 F, 3 D, 4 B

21. Die Wahrscheinlichkeit erst beim zweiten Mal einen Sechser zu würfeln kann durch $\frac{5}{6} \cdot \frac{1}{6}$ berechnet werden.

22. Der Ausdruck gibt die Wahrscheinlichkeit an, dass von den 20 ausgewählten Personen mindestens zwei älter als 40 Jahre alt sind.

23. $\frac{1}{3}$

24. B, C

Teil 2

1. **a)** $B = (-3\,|\,0)$, A, B, D

b) $T = \left(-\frac{b}{2a}\,\middle|\,c - \frac{b^2}{4a}\right)$,
$$\frac{1}{2} \cdot \left[\left(\frac{-b + \sqrt{b^2 - 4ac}}{2a}\right) + \left(\frac{-b - \sqrt{b^2 - 4ac}}{2a}\right)\right] = \frac{1}{2} \cdot \left[\frac{-2b}{2a}\right] = -\frac{b}{2a}$$

c) $c = \frac{1}{6}$. Die Funktion ist symmetrisch zur y-Achse.

2. **a)** Die mittlere Steigung der Streif beträgt rund 0,26 Höhenmeter pro Meter. Der mittlere Steigungswinkel ist rund 14,56°. Das arithmetische Mittel der einzelnen Steigungen beträgt rund 52,7 %. Wenn alle Streckenabschnitte gleich lang wären, würde sich derselbe Wert ergeben wie bei der mittleren Steigung.

b)

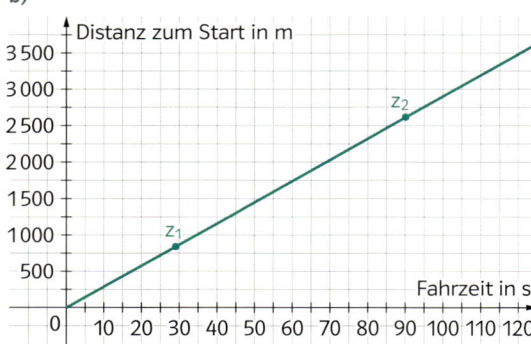

Steigung von h: $\frac{1764}{61} \approx 28,9$. Die mittlere Geschwindigkeit von Peter Fill betrug zwischen der ersten und der zweiten Zwischenzeit rund 28,9 m/s.

c) C, D; Der Zeitpunkt, ab dem die Geschwindigkeit abnahm, ist 3,7 s nach der Einfahrt in den Zielschuss.

3. **a)** 3,18. Lineares Modell $L(x) = 3,18x + 27,6$

b) $-0,0018x^2 + 0,14x + 0,9 = 3,42$. Bei einer Produktionsmenge von ca. 50 Stück beträgt der proportionale Satz von Schmalenbach im Intervall [30; 60] etwa 3,42.

c) Bei einer linearen Kostenfunktion ist der proportionale Satz von Schmalenbach die Steigung der Funktion. Die Steigung einer linearen Kostenfunktion kann als die Kosten für die Produktion eines weiteren Stücks interpretiert werden. Der Verkaufspreis der Ware sollte nicht unter diesem Wert liegen, da man sonst keinen Gewinn machen würde.

$x \approx 39$ Stück (Wendestelle)

4. **a)** P(mindestens zweimal „Anker") $\approx 0,0741$

$\binom{3}{1}$ bedeutet die Anzahl der Möglichkeiten, dass beim Wurf mit drei Würfeln einmal ein bestimmtes Symbol erscheint.

b)

X	−1	1	2	3
P(X)	0,5786	0,3473	0,0695	0,0046

$E(X) = -0,0785$

Man müsste rund 20 Pfund für das dreifache Erscheinen des Symbols „Krone" bekommen.

c) Die Zufallsvariable, welche die Anzahl der Runden, bei denen man einen Gewinn erzielt, beschreibt, ist binomialverteilt mit $n = 500$ und $p = 0,42$. Daher ist
$$P(X = r) = \binom{500}{r} \cdot 0,42^r \cdot 0,58^{500-r}.$$

Man müsste mindestens 755 Runden spielen.